建筑工程施工质量问答丛书

建筑燃气工程施工质量问答

深圳市建设工程质量监督总站　主编

中国建筑工业出版社

图书在版编目（CIP）数据

建筑燃气工程施工质量问答/深圳市建设工程质量监督总站主编.—北京：中国建筑工业出版社，2005
（建筑工程施工质量问答丛书）
ISBN 7-112-07848-2

Ⅰ.建… Ⅱ.深… Ⅲ.燃气—建筑工程—工程质量—问答　Ⅳ.TU996-44

中国版本图书馆 CIP 数据核字（2005）第 129237 号

建筑工程施工质量问答丛书
建筑燃气工程施工质量问答
深圳市建设工程质量监督总站　主编

*

中国建筑工业出版社出版、发行(北京西郊百万庄)
新　华　书　店　经　销
广东省肇庆市科建印刷有限公司印刷

*

开本：850×1168 毫米　1/32　印张：6½　字数：175 千字
2005 年 11 月第一版　2006 年 8 月第二次印刷
印数：3001—4500 册　定价：**18.00** 元
ISBN 7-112-07848-2
(13802)

版权所有　翻印必究
如有印装质量问题，可寄本社退换
(邮政编码　100037)
本社网址：http://www.china-abp.com.cn
网上书店：http://www.china-building.com.cn

本书共有 8 章内容,分别是建筑燃气工程质量管理、室内燃气系统安装、室外燃气管网安装、燃气燃烧器具的安装、燃气监控系统的安装、燃气系统安全使用知识和维护、建筑燃气工程的竣工验收和案例分析,并附有相关的法律法规和规章。

本书以问答的形式编写,内容全面清晰,几乎包含了建筑燃气工程施工的所有分项工程,可供建筑工程燃气设备设计、施工、技术管理人员使用,也可供其他工程项目管理人员参考。

* * *

责任编辑 常 燕

参加本书编写的单位及人员

主编单位：深圳市建设工程质量监督总站

参编单位：深圳市燃气集团股份有限公司

深圳市燃气工程设计有限公司

深圳市燃气工程有限公司

深圳市南山区燃气有限公司

深圳市燃气工程监理有限公司

深圳市汉光电子技术有限公司

深圳市燃气设备检测有限公司

深圳市燃气集团管道气客户服务分公司

参加编审人员：

弓经远　庾润同　曾　胜　罗　艺　刘宏桂

于　剑　张　琳　黎志雄　林越玲　汪小兵

吴铭津　朱　晓　莫亚平　张　丹　高锦川

姜稳庄　朱正光

前　言

根据深圳建筑市场改革的要求，以及贯彻《建筑工程施工质量验收统一标准》(GB 50300—2001)、《城镇燃气输配工程施工及验收规范》(CJJ 33—2005)、《城镇燃气室内工程施工及验收规范》(CJJ 94—2003)的要求，我们组织了深圳市燃气行业中设计、施工、监理、质量监督以及供气方面的专家，编写了《建筑燃气工程施工质量问答》，对行业中设计、施工、监理、监督工作的有关问题进行了系统、规范的回答，可供行业中的专业人员在工作实践中应用，也可为设计、施工、监理或质量监督过程中的问题解答提供参考，同时也可供非专业人员在燃气使用过程中参考。

参加本书编审的人员为：弓经远、庚润同、曾胜、罗艺、刘宏桂、于剑、张琳、黎志雄、林越玲、汪小兵、吴铭津、朱晓、莫亚平、张丹、高锦川、姜稳庄、朱正光。

本书由弓经远、曾胜进行策划，由罗艺同志统筹编辑，弓经远同志审查。

本书在编写过程中，由于编者的水平有限，编写过程中不可避免存在这样那样的问题，希望读者在使用过程中向我们提出，以便我们不断提高水平，在燃气行业工程设计、施工、验收工作中起到更大的作用。

编　者

目 录

第一章 建筑燃气工程质量管理

第一节 质量管理 ································ 1
1.1.1 燃气行业的有关条例、规定及办法有哪些？ ············ 1
1.1.2 建筑燃气工程质量管理的法律依据是什么？ ··········· 1
1.1.3 建筑燃气工程设计、施工及验收有哪些常用规范？ ······· 2
1.1.4 燃气工程施工管理的主要内容是什么？ ················ 2
1.1.5 建筑燃气工程施工前应作好哪些准备工作？ ············ 3
1.1.6 建筑燃气工程设计文件、施工组织设计或施工方案应由什么单位批准后方可实施？ ································ 3
1.1.7 施工组织设计应包括哪些基本内容？ ·················· 3
1.1.8 图纸会审的主要工作内容是什么？ ···················· 4
1.1.9 为什么在施工前期要进行样板房施工及验收？ ·········· 5
1.1.10 管道供气单位在建筑燃气工程质量管理中的主要工作是什么？ ································ 5

第二节 材料和设备的质量管理 ························ 6
1.2.1 对材料、设备的质量控制有哪些基本要求？ ············ 6
1.2.2 什么是材料有见证送检？如何送检？ ·················· 6
1.2.3 材料、设备进场的基本程序是什么？ ·················· 6
1.2.4 燃气计量表安装前应具备什么条件？ ·················· 7
1.2.5 阀门安装前应具备什么条件？ ························ 7

第二章 室内燃气系统安装

第一节 基本概念 ································ 8
2.1.1 室内燃气系统常见的供气方式有哪些？ ················ 8
2.1.2 国家关于城镇燃气的气源质量有哪些要求？ ············ 9

2.1.3 常用的管道燃气气源有哪几种？ ……………………… 9
2.1.4 室内燃气系统包括哪些设备？管道材料选择有哪些要求？ ……
……………………………………………………………… 10

第二节 燃气管道及设备安装 …………………………………… 10
2.2.1 室内燃气管道在安装前有哪些基本要求？ ………… 10
2.2.2 室内燃气系统的支承安装应符合哪些要求？ ……… 10
2.2.3 燃气引入管有哪些施工要求及注意事项？ ………… 12
2.2.4 屋面管道安装应注意哪些问题？ …………………… 12
2.2.5 管道避雷搭接有什么要求？ ………………………… 13
2.2.6 室内燃气管道的刷漆防腐应符合哪些规定？ ……… 13
2.2.7 管道穿越建筑变形缝(伸缩缝、抗震缝、沉降缝)应采用哪些保护措施？ ……………………………………………………… 13
2.2.8 燃气管道有哪几种连接方式？分别应符合哪些规定？ ……… 14
2.2.9 镀锌钢管螺纹连接施工应注意哪些事项？ ………… 15
2.2.10 对从事燃气工程施工的焊接作业人员资格有何要求？ ……… 17
2.2.11 燃气工程施工中最常用的焊接方法有哪几种？ ……… 17
2.2.12 电焊条手工电弧焊常用的焊接设备有哪些？ ……… 18
2.2.13 钢管焊接施工应注意哪些事项？ …………………… 19
2.2.14 复合管施工应注意哪些事项？ ……………………… 22
2.2.15 燃气管道穿墙(或楼板)安装的技术要求是什么？ ……… 23
2.2.16 室内明设燃气管道与墙面的净距要求是什么？ ……… 23
2.2.17 室内燃气管道和电气设备、相邻管道之间的净距要求是什么？
……………………………………………………………… 24
2.2.18 室内燃气管道的安装位置有何基本要求？ ………… 24
2.2.19 燃气计量表的安装位置有何基本要求？ …………… 25
2.2.20 室内燃气管道暗设应注意哪些问题？ ……………… 25

第三节 室内燃气管道和用气设备安装的检验 ………………… 26
2.3.1 怎样检验室内燃气管道的安装？ …………………… 26
2.3.2 怎样检验燃气计量表的安装？ ……………………… 27
2.3.3 室内燃气管道如何进行压力试验？ ………………… 28

第四节 新技术、新工艺、新材料 ……………………………… 29
2.4.1 为什么要采用外镀锌钢管？其安装过程中应注意哪些问题？ ……………………………………………………… 29

2.4.2 热收缩套在室内燃气管道施工中的作用是什么? …… 29

第三章 室外燃气管网安装

第一节 基本概念 …… 31
  3.1.1 城镇燃气管道设计压力分为几种级别? …… 31
  3.1.2 小区埋地燃气管道设计原则是什么? …… 31
  3.1.3 埋地燃气管道与其他管道的安全间距有哪些基本要求? …… 32
  3.1.4 埋地燃气管道土石方工程开挖时应注意哪些问题?并满足哪些技术要求? …… 34
  3.1.5 埋地燃气管道土石方工程回填时应满足哪些技术要求? …… 37
第二节 室外燃气管道及设备安装 …… 37
  3.2.1 室外埋地燃气管道的管材管件有哪几种?其连接方式有哪些? …… 37
  3.2.2 燃气工程施工中有哪些常规的管道焊接规程? …… 38
  3.2.3 焊缝质量检测分为哪几类? …… 40
  3.2.4 焊接缺陷分为哪几大类?有哪些常见的焊接缺陷?其危害和产生的原因是什么? …… 42
  3.2.5 室外埋地钢管主要有哪几种防腐方法? …… 44
  3.2.6 对钢管防腐绝缘层的检验有什么要求? …… 48
  3.2.7 为什么要推广使用聚乙烯(PE)燃气管道? …… 49
  3.2.8 聚乙烯燃气管道有哪些连接方式?如何保证其焊口质量? …… 50
  3.2.9 如何检验聚乙烯燃气管道的焊口质量? …… 52
  3.2.10 聚乙烯燃气管道敷设时应注意哪些问题? …… 53
  3.2.11 三层PE夹克钢管安装施工应注意哪些问题? …… 54
  3.2.12 常用的埋地燃气管道阀门有哪几种形式?其安装有何要求? …… 56
  3.2.13 标志桩、标志带、井室施工应注意哪些事项?其安装有何要求? …… 58
  3.2.14 凝水缸安装施工应注意哪些问题? …… 59
  3.2.15 什么是液化石油气瓶组站供气? …… 60
  3.2.16 液化石油气瓶组站的设置地点有什么要求? …… 60
第三节 管道检验 …… 61

3.3.1 室外燃气管道检验应注意哪些事项? ……………………… 61
3.3.2 为什么要进行地下管道测量工作? 应注意哪些事项? …… 61
3.3.3 室外燃气管道吹扫有哪几种方式? 吹扫过程应注意哪些事项?
　　　………………………………………………………………… 62
3.3.4 如何进行燃气管道压力试验? ………………………… 64
第四节　新技术、新工艺、新材料 ……………………………… 65
3.4.1 钢骨架聚乙烯复合管道有什么性能特点? …………… 65

第四章　燃气燃烧器具的安装

第一节　基本概念 ………………………………………………… 67
4.1.1 燃气燃烧器具分为哪几类? …………………………… 67
4.1.2 燃气热水器分为几种? 如何由型号标示判别? ……… 67
4.1.3 家用燃气灶具如何分类? ……………………………… 72
4.1.4 公用燃气灶具分为几种? ……………………………… 72
第二节　燃气燃烧器具安装 ……………………………………… 72
4.2.1 公用燃气灶具有何安装要求? ………………………… 72
4.2.2 家用燃气燃烧器具的安装应符合哪些标准或规程要求? … 73
4.2.3 家用燃气热水器的排气烟道有何安装要求? ………… 73
4.2.4 燃具的安装间距及防火应注意什么? ………………… 77
第三节　燃气空调 ………………………………………………… 87
4.3.1 燃气空调是如何工作的? ……………………………… 87
4.3.2 燃气空调有什么优点? ………………………………… 88
4.3.3 燃气空调的使用范围有哪些? ………………………… 88
4.3.4 燃气空调国内外及深圳市使用的现状如何? ………… 88
4.3.5 什么是冷热电三联供? ………………………………… 89

第五章　燃气监控系统的安装

第一节　基本概念 ………………………………………………… 90
5.1.1 什么是燃气监控系统? ………………………………… 90
5.1.2 燃气监控系统一般有哪些基本组成结构? …………… 90
5.1.3 燃气监控系统一般能实现哪些基本功能? …………… 92
第二节　燃气监控系统的安装 …………………………………… 92

5.2.1 燃气监控系统工程设计的基本要求是什么？ …………… 92
5.2.2 燃气监控系统的设备安装有哪些要求？ ……………… 94
5.2.3 燃气监控系统的管线设计有哪些要求？ ……………… 94
5.2.4 燃气监控系统管线敷设的一般要求是什么？ ………… 95
5.2.5 燃气监控系统暗管敷设的一般要求是什么？ ………… 96
5.2.6 燃气监控系统庭院埋地管线施工有哪些方面的基本要求？
…………………………………………………………… 96
5.2.7 燃气监控系统设备安装环境有哪些方面的要求？ …… 97
5.2.8 燃气监控系统的调试一般有哪些步骤？ ……………… 97
5.2.9 燃气监控系统的施工安装一般有哪些步骤？ ………… 98
5.2.10 燃气监控系统的工程验收有哪些步骤？ …………… 99
5.2.11 燃气监控系统的使用维护应注意哪些方面的问题？ … 99

第三节 新技术、新工艺、新材料 ………………………………… 101
5.3.1 直读式燃气表有哪些方面的优点？ …………………… 101

第六章 燃气系统安全使用知识和维护

第一节 基本概念和解释 …………………………………………… 102
6.1.1 燃气系统的组成有哪些？ ……………………………… 102
6.1.2 什么是燃气管道系统的运行维护？其具体内容有哪些？ … 102
6.1.3 什么是燃气管道系统的抢修？ ………………………… 102
6.1.4 什么是燃气管道系统的动火作业？其一般工作流程有哪些？
…………………………………………………………… 103

第二节 室外燃气系统的安全与维护 ……………………………… 103
6.2.1 室外燃气系统构成有哪些？如何进行分类？其功能是什么？
…………………………………………………………… 103
6.2.2 室外燃气管道运行中存在的主要问题有哪些？如何进行预防和处理？ ……………………………………………… 104
6.2.3 室外燃气系统日常维护的内容有哪些？其主要事项有哪些？
…………………………………………………………… 104
6.2.4 如何避免外单位施工对燃气管线造成破坏引发事故？ … 106
6.2.5 如何处理埋地燃气管道泄漏？ ………………………… 107

第三节 室内燃气系统公共部分的安全与维护 …………………… 107

  6.3.1 室内燃气系统的供气形式有哪些？各有什么特点？ …… 107
  6.3.2 室内燃气系统公共部分存在的安全隐患有哪些？如何预防处理？
     …………………………………………………………… 108
  6.3.3 室内燃气系统公共部分日常维护的内容有哪些？其注意事项有
     哪些？ ………………………………………………………… 108
  6.3.4 如何处理室内燃气系统公共部分的漏气事故？ ………… 109
第四节 用户户内燃气系统的安全和维护 ……………………………… 109
  6.4.1 用户户内燃气系统的组成有哪些？ ……………………… 109
  6.4.2 用户在使用时应注意哪些安全事项？发现漏气时应采取什么措
     施？ …………………………………………………………… 109
  6.4.3 燃气单位进行户内抢修作业应注意哪些事项？ ………… 110
  6.4.4 燃气单位对用户的安全宣传和安全检查应注意哪些事项？……
     ………………………………………………………………… 111
  6.4.5 用户购买燃气燃烧器具应注意哪些事项？ ……………… 111
  6.4.6 用户使用燃气燃烧器具应注意哪些安全事项？ ………… 111
第五节 瓶装气的安全使用知识 …………………………………………… 112
  6.5.1 瓶装气的种类有哪些？其使用用途是什么？ …………… 112
  6.5.2 瓶装供气的主要设备有哪些？ …………………………… 113
  6.5.3 瓶装气安全使用知识有哪些？ …………………………… 113
  6.5.4 更换钢瓶应注意哪些安全事项？ ………………………… 114

第七章 建筑燃气工程的竣工验收

7.1 建筑燃气工程的竣工验收应具备哪些基本条件？ ……………… 115
7.2 建筑燃气工程的竣工验收的组织形式、基本程序是什么？ …… 115
7.3 建筑燃气工程竣工验收合格后超过 6 个月未通气使用的如果需要
  通气使用该怎么办？ ………………………………………………… 116
7.4 建筑燃气工程质保资料主要有哪些？ ……………………………… 116
7.5 建筑燃气工程竣工验收时现场主要检查哪些内容？ ……………… 116

第八章 案例分析

8.1 案例一(综合性事故) ………………………………………………… 119
8.2 案例二(材料使用不当事故) ………………………………………… 121
8.3 案例三(用户使用不当事故) ………………………………………… 122

8.4 案例四(设备选用不当事故) 123

附 录

一、国家有关建筑燃气法律、法规、规章 124
城市燃气管理办法(1997年12月23日建设部第62号令) 124
城市燃气安全管理规定(1991年3月30日建设部、劳动部、公安部第10号令) 130
燃气燃烧器具安装维修管理规定(2000年1月21日建设部第73号令) 136

二、地方性建筑燃气法规、文件 141
广东省燃气管理条例(1997年7月26日广东省第八届人民代表大会常务委员会第三十次会议通过) 141
上海市燃气管理条例(1999年1月22日上海市第十一届人民代表大会常务委员会第八次会议通过) 150
深圳经济特区燃气管理条例(1996年3月5日深圳市第二届人民代表大会常务委员会第六次会议通过) 162
深圳市燃气安全管理规定(深建燃[1998]19号) 171
深圳市燃气工程建设管理办法(深建燃[2001]7号) 178
深圳市燃气管道工程设计、施工若干技术规定(深建字[2003]50号) 181

第一章 建筑燃气工程质量管理

第一节 质量管理

1.1.1 燃气行业的有关条例、规定及办法有哪些？

【答案】

燃气行业全国性的规章有《城市燃气管理办法》(1997年建设部62号令)及《城市燃气安全管理规定》(1991年建设部、劳动部、公安部第10号令)。另外有些地方政府也制定了一些地方性的法规：如《广东省燃气管理条例》(1997年7月26日广东省第八届人大第30次会议通过)、《深圳经济特区燃气管理条例》(1996年深圳市人大第26号公告)、《深圳市燃气安全管理规定》(深建燃[1998]19号)、《深圳市燃气工程建设管理办法》(深建燃[2001]7号)、《上海市燃气管理条例》(1999年1月22日上海市第十一届人大第八次会议通过)、《成都市燃气管理条例》(1996年11月21日成都市第十一届人大第二十一次会议通过)等。

1.1.2 建筑燃气工程质量管理的法律依据是什么？

【答案】

建筑燃气工程质量管理法律依据有全国性的，如《中华人民共和国建筑法》(1997年11月1日第八届全国人大常委会第二十八次会议通过)、《建设工程质量管理条例》(2000年1月30日国务院令279号发布)。另外有些地方政府也制定了一些地方性的法规，如《深圳经济特区燃气管理条例》(1996年深圳市人大第26号公告)、《深圳市建设工程质量管理条例》(2003年6月20日深圳市人大常委会第83号公告)。

1.1.3 建筑燃气工程设计、施工及验收有哪些常用规范?

【答案】
1.《城镇燃气设计规范》(GB 50028—93)(2002版)
2.《聚乙烯燃气管道工程技术规程》(CJJ 63—1995)
3.《建筑工程施工质量验收统一标准》(GB 50300—2001)
4.《城镇燃气室内工程施工及验收规范》(CJJ 94—2003)
5.《城镇燃气输配工程施工及验收规范》(CJJ 33—2005)
6.《现场设备、工业管道焊接工程施工及验收规范》(GB 50236—1998)
7.《家用燃气燃烧器具安装及验收规范》(CJJ 12—1999)

1.1.4 燃气工程施工管理的主要内容是什么?

【答案】
1. 建筑燃气工程施工单位应当依法取得相应等级的资质证书,并在其资质等级许可的范围内承揽工程。
2. 施工单位应当建立质量责任制,确定工程项目的经理、技术负责人和其他施工管理人员,所有人员应持有相应的资格证书。
3. 施工单位必须按照批准的设计文件和施工技术标准施工,修改设计应有设计单位出具的设计变更通知单。
4. 施工单位应编制施工组织设计或施工方案,经有关人员批准后方可实施。
5. 施工单位应按照有关技术标准,对重要材料或设备进行见证取样送检。
6. 施工单位必须建立、健全施工质量的检验制度,严格工序管理,作好隐蔽工程的质量检查和记录。隐蔽工程在隐蔽前,施工单位应通知有关单位检查。

1.1.5 建筑燃气工程施工前应作好哪些准备工作?

【答案】

1. 施工单位应编制施工组织设计或施工方案,建立、健全质量责任制和安全责任制,落实具有上岗证的施工人员。

2. 施工单位首先应充分熟悉施工图和有关资料,并与现场情况对比,确认设计图纸与现场情况是否符合;了解其他如建筑、电气、给排水等专业的施工图,确认其他专业是否影响燃气工程的施工;作好图纸的自审工作,以便通过图纸会审解决设计及施工中的实际问题。

3. 施工单位应与建设单位或施工总包单位落实施工用房,如现场办公、生活用房、材料及机具仓库、加工现场用房等。

4. 施工单位应按施工预算和施工组织设计作好施工用的物质准备,如施工用管材、配件、设备、施工机具的用量统计,材料的报审,作好材料进场及送检的准备工作。

1.1.6 建筑燃气工程设计文件、施工组织设计或施工方案应由什么单位批准后方可实施?

【答案】

根据《建设工程质量管理条例》,燃气工程设计文件应委托具有相应资质的施工图审查机构审查,建筑红线外的燃气管道还应由政府规划部门审批,另外还应与当地管道燃气供应部门落实气源接入点。

施工组织设计或施工方案应由施工单位的技术负责人批准,然后报监理单位审批后才能实施。

1.1.7 施工组织设计应包括哪些基本内容?

【答案】

1. 工程概况:工程地点、栋数、层数、户数;室外管线的材质、管径、长度;项目的建设、设计、监理、施工、监督单位的名称;燃气供应方式和主要设备材料等。

2. 施工平面布置图：办公、宿舍、食堂位置；材料、设备、加工成品及施工机具仓库的位置。

3. 施工方案：确定施工技术标准，质量目标；确定施工方法、施工程序；确定工作计划，工期计划。

4. 质量管理与验收：对材料、设备等严格按进场质量规定进行检查验收，有送检要求的须进行有见证送检；明确重要工序及隐蔽工程应通知建设、监理、监督等部门检查合格后才能进行下一工序的施工；建立质量责任制和安全责任制，所有人员均须持证上岗；明确工序验收和竣工验收的措施方法。

5. 劳动力和设备的配备，计算工程量，绘出劳动力曲线图。

6. 安全技术措施：高空作业、用电等危险作业的安全措施；工人的培训和安全教育制度。

7. 成品及半成品的保护措施。

8. 绘制施工网络图。

1.1.8　图纸会审的主要工作内容是什么？

【答案】

图纸会审是开工前必须进行的一项工作，图纸会审由监理单位组织并主持，建设、设计、施工等单位的相关技术人员参加，质量监督单位到场进行监督。会议须签到并形成会议纪要，作为施工所依据的文件之一存档。

图纸会审工作主要有三大内容：一是设计介绍情况及对图纸进行审查；二是解决施工及监理等单位对图纸的疑问；三是落实或解答专业审图机构对图纸出具的审图意见。图纸的审查基本包括三方面的内容：一是审查图纸是否违反了有关规范和规定；二是审查燃气管道是否与其他专业在空间位置上有冲突；三是审查图纸是否满足工艺及施工需要。设计单位应对图纸会审会议上所提的问题予以书面回答。另外，在会上还应确定气源接入点是否落实。

质量监督单位参加图纸会审，其主要工作一是审查设计、施工、监理等单位的资质及从业人员的资质、上岗证;二是审查施工图及有关文件是否齐全,施工手续是否完善,避免非法开工;三是告知监督内容;四是提醒施工单位应注意避免质量通病问题。

1.1.9 为什么在施工前期要进行样板房施工及验收?

【答案】

在施工前期先进行样板房施工和验收,以确定的样板房来指导全面施工是一个保证施工质量的好方法。施工单位先在每种户型里选一套房安装燃气管道和设备,然后通知建设、设计、监理、监督等单位参加验收,检查燃气管道和设备的安装是否符合设计并满足规范要求;是否与其他专业在空间上有冲突;安装位置是否合理、美观;与燃气工程配套的设施如热水器排烟洞、水、电等是否到位。如果没有发现有关问题,各有关单位应做好验收记录并签字,样板房验收记录将作为施工依据之一并存入档案。若在施工中有重大修改,应该重新进行样板房施工及验收。由于样板房清楚明了,容易发现和解决问题,安装方案和质量标准容易确定,只要施工单位按照样板房的标准进行施工,施工质量就有较好保证。

1.1.10 管道供气单位在建筑燃气工程质量管理中的主要工作是什么?

【答案】

1. 管道供气单位应向建设单位提供气源接入点资料,包括坐标、标高等。
2. 管道供气单位参加建筑燃气工程的压力验收。
3. 管道供气单位参加建筑燃气工程的竣工验收。
4. 建筑燃气工程的竣工验收合格后,建设单位按照规定将工程移交管道供气单位,工程移交包括实物及完整的工程资料。

第二节　材料和设备的质量管理

1.2.1　对材料、设备的质量控制有哪些基本要求？

【答案】

1. 建筑燃气工程所使用的主要材料和设备必须具有质量合格证明文件，按有关规定须经具有资质的检测机构检测，检测合格后才能安装。

2. 施工单位在材料、设备进场前须报经监理工程师审核同意，进场时应对其品种、规格、外观及质量证明文件等进行验收，并由监理工程师核查确认后才能使用。

3. 监理工程师应对需见证送检的材料按规定见证取样和送检，这些材料送检合格并经监理工程师批准后才能使用。

1.2.2　什么是材料有见证送检？如何送检？

【答案】

材料有见证送检就是在建设单位或监理单位人员的见证下，由施工单位人员在现场取样，并一起送至有检测资格的单位进行检测。

材料有见证送检分取样和送检两个过程。取样是根据有关技术标准、规范的规定，从检测对象中按标准抽取试验样品的过程；送检是取样后将试样从现场移交给检测单位的过程，这两个过程均应有见证人在场。

材料监督抽检是工程质量监督机构对工程材料进行检查的主要方式，监督抽检与有见证送检不同，监督抽检是质量监督人员督促企业遵守质量法规和强制性标准的一项活动。

建筑燃气工程中需要有见证送检的材料主要是管材，每种规格的管材都应取样，取样标准为 15cm 和 3cm 长的管材各两段。

1.2.3　材料、设备进场的基本程序是什么？

【答案】

1. 按照设计图纸及施工周期的要求,编制材料、设备进场时间及顺序表。

2. 对于拟进场的材料、设备施工单位应填写材料/设备进场报审表,监理工程师对报审表进行审核。

3. 材料进场后,施工单位应填报材料/设备使用报审表,监理单位对报审表及质量证明文件或检测报告进行审核,只有被批准使用的材料、设备才能在工程中使用。

4. 对未经监理人员验收或验收不合格或送检不合格的材料、设备,监理人员应禁止施工单位使用,并签发监理工程师通知单,书面通知施工单位限期把不合格的材料、设备撤出工地现场。

1.2.4 燃气计量表安装前应具备什么条件?

【答案】

1. 燃气计量表在安装前应有法定计量检定机构出具的检定合格证书。

2. 燃气计量表应有出厂合格证、质量保证书;标牌上应有CMC标志、出厂日期和表编号。

3. 超出有效期的燃气计量表应全部进行复检。

4. 燃气计量表的外表面应无明显的损伤。

1.2.5 阀门安装前应具备什么条件?

【答案】

1. 阀门安装前应按有关规定进行压力试验,不渗漏为合格,不合格者不得安装。

2. 阀门与管道进行法兰连接前,应检查法兰密封面及密封垫片,不得有影响密封性能的划痕、凹陷和斑点等缺陷。

3. 法兰连接和螺纹连接的阀门应在关闭状态下安装,焊接连接的阀门应在开启状态下安装。

第二章 室内燃气系统安装

第一节 基本概念

2.1.1 室内燃气系统常见的供气方式有哪些?

【答案】

室内管道燃气的供气方式一般分以下两种:

1. 集中调压分户计量:由区域调压装置或楼栋调压装置将中压调到低压后,各用户分别计量,见图2.1-1和图2.1-2。

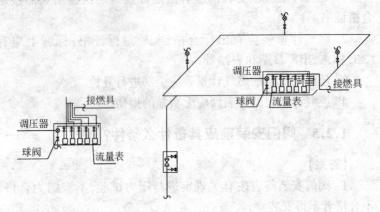

图2.1-1 地面表箱集中调压分户计量

图2.1-2 天面表箱集中调压分户计量

2. 分户调压计量:中压进户,在每个用户户内各设一套调压和计量装置,分别调压和计量,见图2.1-3和2.1-4。

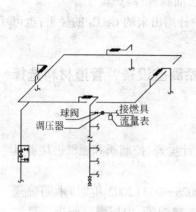 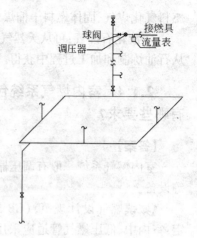

图 2.1-3 上环下行分户调压计量　　图 2.1-4 下环上行分户调压计量

2.1.2 国家关于城镇燃气的气源质量有哪些要求？

【答案】

城镇燃气质量指标应符合下列要求：

1. 城镇燃气(应按基准气分类)的发热量和组分的波动应符合城镇燃气互换的要求。

2. 城镇燃气偏离基准气的波动范围宜按现行的国家推荐标准《城镇燃气分类》(GB/T 13611)的规定执行，并应适当留有余地。

2.1.3 常用的管道燃气气源有哪几种？

【答案】

城镇燃气气源种类很多，归纳起来常用的有如下几种：

1. 天然气：可分为从气井开采出来的气田气(纯气田天然气)；伴随石油一起开采出来的石油伴生气、凝析气田气；开采煤矿时从井下煤层抽出的煤矿矿井气；煤成气。

2. 人工燃气：根据形成气体的原料和过程不同，可分为固体

9

燃料气化煤气、固体燃料干馏煤气、油制气、高炉煤气。

3. 液化石油气：可从天然气中分离出来的 C_3、C_4 的烃类，也可从石油炼制和加工过程中获得。

2.1.4 室内燃气系统包括哪些设备？管道材料选择有哪些要求？

【答案】

室内燃气系统一般有调压器、计量表、控制阀和燃气燃烧器具等设备。

《城镇燃气设计规范》(GB 50028—93)(2002年版)中明确规定：室内中、低压燃气管道应采用镀锌钢管，中压燃气管道宜采用焊接或法兰连接。

第二节 燃气管道及设备安装

2.2.1 室内燃气管道在安装前有哪些基本要求？

【答案】

1. 室内燃气管道采用的管道、管件、管道附件、阀门及其他材料应符合设计文件的规定，并按照国家现行标准在安装前进行检验，不合格者不得使用。

2. 室内燃气管道安装前应对管道、管件、管道附件及阀门等内部进行清扫，保证其内部清洁。

3. 室内燃气管道安装前的土建工程应能满足管道施工安装的要求。

2.2.2 室内燃气系统的支承安装应符合哪些要求？

【答案】

燃气管道采用的支承固定方法根据墙体材料的不同宜按表2.2-1选择。

燃气管道采用的支承固定方法　　　　表2.2-1

管径(mm)	砖砌墙壁	混凝土制墙板	石膏空心墙板	木结构墙	楼板
DN15~DN20	管卡	管卡	管卡	管卡	吊架
DN25~DN40	管卡	管卡	夹壁管卡	管卡	吊架
DN50~DN65	管卡、托架	管卡、托架	夹壁托架	管卡、托架	吊架
DN80以上	托架	托架	不得依敷	托架	吊架

钢管的水平支承之间的最大间距宜按表2.2-2选择。

钢管支承最大间距　　　　表2.2-2

管道公称直径(mm)	最大间距(m)	管道公称直径(mm)	最大间距(m)
DN15	2.5	DN100	7.0
DN20	3.0	DN125	8.0
DN25	3.5	DN150	10.0
DN32	4.0	DN200	12.0
DN40	4.5	DN250	14.5
DN50	5.0	DN300	16.5
DN65	6.0	DN350	18.5
DN80	6.5	DN400	20.5

铜管的水平管和立管的支承之间的最大间距宜按表2.2-3选择。

铜管支承最大间距　　　　表2.2-3

公称外径(mm)		15	18	22	28	35	42	54
最大间距(m)	立管	1.8	1.8	2.4	2.4	3.0	3.0	3.0
	水平管	1.2	1.2	1.8	1.8	2.4	2.4	2.4
公称外径(mm)		67	85	108	133	159	219	—
最大间距(m)	立管	3.5	3.5	3.5	4.0	4.0	4.0	—
	水平管	3.0	3.0	3.0	3.5	3.5	3.5	—

2.2.3 燃气引入管有哪些施工要求及注意事项？

【答案】

1. 当引入管采用地下引入时，应符合下列规定：

(1) 穿越建筑物基础或管沟时，敷设在套管中的燃气管道应与套管同轴，套管与引入管之间、套管与建筑物基础或管沟之间的间隙应采用密封性能良好的柔性防腐、防水材料填实。

(2) 引入管室内竖管部分宜靠实体墙固定。

(3) 引入管的管材应符合设计文件的规定，当设计文件无规定时，宜采用无缝钢管。

(4) 湿燃气引入管应坡向室外，其坡度应大于或等于 0.01。

2. 当引入管采用室外地上引入时，应符合下列规定：

(1) 套管内的燃气管道不应有焊口及连接接头，升向地面的弯管的弯曲半径宜大于管道外径的 3.5 倍，弯管截面最大外径与最小外径之差不得大于管道外径的 8%；铜制弯管及不锈钢弯管制作应采用专用弯管设备；引入管的防护罩应按设计文件的要求制作和安装。

(2) 地上引入管与建筑物外墙之间的净距宜为 100~120mm。

(3) 引入管保温层厚度应符合设计文件的规定，保温层表面应平整，凹凸偏差不宜超过 ±2mm。

2.2.4 屋面管道安装应注意哪些问题？

【答案】

1. 屋面管道安装需在建筑物防雷装置保护范围以内，并在一定长度范围内与避雷网(带)跨接。

2. 屋面管道的安装高度宜设在人不易踩踏的位置，控制阀宜安装在方便操作的地方，除放散阀和放液阀外，其余安装在室外的阀门均设在阀门保护箱内。

3. 屋面管道以 1‰坡度坡向立管。

2.2.5 管道避雷搭接有什么要求？

【答案】

屋面管道安装需在建筑物防雷装置保护范围以内，并每隔25m用ϕ10圆钢与避雷网（带）搭接一次；当两平行管道间距小于100mm时，每隔30m用ϕ10圆钢搭接一次；当两交叉管道间距小于100mm时，其交叉处应跨接。对一、二类防雷建筑物沿外墙架设未接至屋面的立管均应与防雷装置相连。所有连接法兰间需用ϕ10圆钢做跨接。屋面阀门箱也应与避雷网（带）搭接。

2.2.6 室内燃气管道的刷漆防腐应符合哪些规定？

【答案】

1. 引入管采用钢管时，应在除锈见金属光泽后进行防腐，防腐的做法应符合国家现行标准《城镇燃气输配工程施工及验收规范》（CJJ 33—2005）的规定；

2. 明设的燃气管道及其管道附件的刷漆，应在检验试压合格后进行；采用钢管焊接时，应在除锈见金属光泽后进行刷漆：先将全部焊缝处刷两道防锈底漆，然后再全面涂刷两道防锈底漆和两道面漆；

3. 采用镀锌钢管螺纹连接时，其与管件连接处安装后应先刷一道防锈底漆，然后再全面涂刷两道面漆。

2.2.7 管道穿越建筑变形缝（伸缩缝、抗震缝、沉降缝）应采用哪些保护措施？

【答案】

燃气管道穿越变形缝时，应考虑变形缝相对位移可能对管道产生的影响，增强管道的柔性设计，可以有效地减少由于变形缝位移产生的应力。燃气管道穿越变形缝时一般采用增设管道补偿器的方式来增强管道的柔性，补偿器一般选用以下两种：

1. Π型补偿器：Π型补偿器结构简单、运行可靠、投资少。

2. 波纹管式补偿器(也叫波纹管膨胀节)：也是常用的一种管道柔性元件，它利用一组或数组塑性较好、厚度较薄的波纹管容易变形的特点来达到吸收管系变形的目的。波纹管式补偿器与Π型补偿器相比，具有补偿能力大、占用空间小等优点，但其强度可靠性较差，价格高。

2.2.8 燃气管道有哪几种连接方式？分别应符合哪些规定？

【答案】

燃气管道连接方式应符合设计文件的规定，一般有焊接、螺纹连接两种方式。当设计文件无规定时，管径小于或等于 $DN50$ 的燃气管道宜采用螺纹连接；管径大于 $DN50$ 或使用压力超过 10kPa 的燃气管道宜采用焊接连接；铜管应采用硬钎焊连接；中压阀门一般采用法兰连接。

1. 焊接

燃气管道的焊接应符合设计文件的规定，当设计文件无明确规定时，应符合《现场设备、工业管道焊接工程施工及验收规范》(GB 50236—1998)的有关规定。在主管道上开孔接支管时，开孔边缘距管道对接焊缝不应小于 100mm；当小于 100mm 时，对接焊缝应进行射线探伤；管道对接焊缝与支、吊架边缘之间的距离不应小于 50mm。

2. 螺纹连接

管道与设备、阀门螺纹连接时应同心，不得用管接头强力对口；管道螺纹接头宜采用聚四氟乙烯带做密封材料；拧紧螺纹时，不得将密封材料挤入管内；钢管的螺纹应光滑端正，无斜丝、乱丝、断丝或破丝，缺口长度不得超过螺纹的 10%；铜管与球阀、燃气计量表及螺纹连接附件连接时，应采用承插式螺纹管件连接；弯头、三通可采用承插式铜配件或承插式螺纹连接件。

3. 法兰连接

法兰垫片应采用经检验合格的耐油橡胶石棉板($\delta \geqslant 3mm$)，连接前宜将垫片用机油浸透。阀门应在关闭状态下安装,法兰连接应与管道同心,法兰螺孔应对正,管道与设备、阀门的法兰端面应平行,不得用螺栓强力对口。应使用同一规格的螺栓,安装方向一致,紧固程度对称均匀。螺栓紧固后宜与螺母齐平,涂上机油或黄油,以防锈蚀。

2.2.9 镀锌钢管螺纹连接施工应注意哪些事项?

【答案】

镀锌钢管螺纹连接主要用于低压系统中,安装比较简单,但在下料、套丝、丝扣接口密封方面要做到规范操作,才能达到满意的安装效果。

1. 下料

低压管安装常常要根据设计管道走向,合理截取不同长度的管材,通过弯头、三通、直通、活接头等管件连接,完成燃气管道安装,如何根据空间位置截取最合适长度的管材,是保证管道横平、竖直、离墙面距离符合规定的关键,只有真正合格的管工才能够做到准确下料,安装位置准确、美观。

管段下料应先计算管道两端管件定位长度,定位长度指两管件中心线或轴线间距。计算下料长度应以定位长度减去安装管道(如 $DN15$)的外径尺寸即可。

2. 套丝

管道套丝有电动和手动套丝两种方法。电动套丝适合大批量管段预制或现场安装。手动套丝使用铰板套丝,适合在现场安装时,调整管段长度后重新套丝使用,工程安装量较小时可用铰板人工套丝。燃气工程管道丝扣一般应采用锥形管螺纹,锥度为1/16,即管道丝扣为前深后浅。

$DN15 \sim DN20$ 镀锌钢管丝扣长度全长不应超过 18mm。无论用电动还是手动套丝机,都应套两遍。第一次轻套出螺纹,第二次加深螺纹深度。$DN25$ 以上的管子套丝应不少于三次。镀锌钢管虽然属软钢,但如果一次性完成套丝就会因板牙咬得过深,形成较大阻力,不仅容易损坏板牙,更易使管材表面被"咬肉"形成秃丝、乱丝,甚至将管端焊缝拉裂。

电动套丝机一般有螺纹锥度控制装置,如果没有,可采用手动控制板把,使板牙先紧后松,使螺纹形成锥度。手动控制板把不能松得过早,否则,锥度太大,管子与管件连接时丝扣拧入长度会太短。

丝扣套好后,应用管件试接,用手拧管件可拧进 1/3 丝扣即可,拧入过短说明锥度过大,拧入过长说明锥度过小,板把松得太晚,板牙过紧。套好丝扣的管子,两端应戴上管件,以防因碰撞将丝扣损坏。

3. 丝扣密封

丝扣密封看似简单,实际上是保证管道密封性能的重要环节。密封填料缠得过多,既浪费材料,又会使管子丝扣拧入过短,容易漏气,接口的抗压强度也低。因锥形螺纹前端螺纹较深,管壁减薄,DN15 镀锌钢管的剩余厚度一般仅有 1.5mm,如果管道受到外力压迫,很容易在接口处断裂。施工检查中经常发现操作人员缠过多的胶带,不但没有随丝扣进入管件,反而被挤出管件外,堆积在管口边,看似密封很严,但实际上,由于大部分胶带被挤出,也将一部分底层胶带一同带出丝扣,管子端头拧入管件内的丝扣上几乎没有胶带。这类管道接口,有的因管件与挤出的胶带挤压得比较紧,低压气密性试验有时不易发现问题,一旦管道受到外力,接口就可能漏气。为了保证不漏气,通过提高检验压力(不带燃气表采用 0.1MPa 压力)即可发现接口缺陷,施工中少缠胶带的人很少,大多数操作者以为多缠就可保证不漏,这说明操作人员没有掌握正确缠丝扣胶带的方法。

丝扣深度约为 1.1mm,正常操作是只要胶带缠得均匀,缠得紧(缠好胶带后可用手压胶带顺时针旋紧),使胶带深入丝扣槽内,厚度为 0.1mm 的胶带,一般只需缠 6~8 圈。胶带厚度小于 0.1mm,需缠 12~15 圈,所缠胶带不被挤出,能全部随丝扣进入管件,完全可以保证接口严密不漏,因此,掌握正确的缠绕胶带方法,既省材料,又可保证一次性连接接口严密,避免返工。

4. 安装

DN15管道安装时,一般要先用手将管子轻松拧入管件几扣,至手拧不动时,可采用14或12号管钳拧紧到管口外余2~3扣为止。管子拧紧操作应注意三个问题:一是在拧紧吃力时不要用力过猛,以免将管件撑裂;二是管钳咬在管子表面应卡稳,避免滑脱,将管壁表面镀锌层损坏;三是较长的管段拧紧时,管钳不应离管口太远,以防将管子拧裂或造成弯曲,应在距接口约20cm处卡紧。

2.2.10 对从事燃气工程施工的焊接作业人员资格有何要求?

【答案】

焊工的技能对燃气工程施工的焊接质量起着决定性的影响,因此对从事燃气工程施工的焊工必须经过严格的培训和考核合格,持有由质量技术监督部门核发的包含有相应项目资格的《锅炉压力容器压力管道特种设备作业人员资格证(焊接)》,并且在有效期内。而仅持有由安全生产监督管理部门核发的焊工《上岗证》的人员不能从事燃气工程的压力管道安装施工。

2.2.11 燃气工程施工中最常用的焊接方法有哪几种?

【答案】

燃气工程施工中最常用的焊接方法有焊条手工电弧焊和手工钨极氩弧焊两种。

1. 焊条手工电弧焊

焊条手工电弧焊是一种采用药皮焊条进行手工焊接操作,利用焊条端部与待焊工件之间燃烧的电弧提供的热源,使焊条和母材金属加热熔化,冷却凝固后结合成焊接接头的焊接方法。焊条手工电弧焊的工艺特点是手工操作,适应性强,适用于野外和高空作业;对任何位置(平、横、立、仰)的不同形式接头和各种不规则形状的焊缝都可以方便的进行操作;其设备比较简单,但焊工劳动强度较大,生产效率较低。最适合于焊接碳钢、低合金高强钢、不锈钢等金属材料,是目前燃气工程施工中应用最为普遍的一种焊接方法。

2. 手工钨极氩弧焊

手工钨极氩弧焊是利用钨极作为电弧电极,以惰性气体氩气保护电弧和熔池,钨极和工件之间的电弧热将被焊金属和填充金属加热熔化,凝固冷却后获得焊接接头的一种焊接方法。手工钨极氩弧焊可进行高质量的焊接,电弧稳定、飞溅少,能获得焊接成型优良和熔透性很好的高质量焊缝;但抗风能力弱,野外可操作性较差,焊接速度较慢;适用于各种低碳钢、低合金钢和不锈钢及各种厚度和各种位置的焊缝焊接,常用于焊接厚度 6mm 以下的工件。对燃气工程施工而言,尤其适合于焊接质量要求较高的燃气场站的管道焊接。

2.2.12 电焊条手工电弧焊常用的焊接设备有哪些?

【答案】

电焊条手工电弧焊常用的焊接设备有交流焊机和直流焊机两种。交流焊机就是交流变压器,其特点是结构简单、使用方便、噪声小、价格便宜、易于维修、无磁偏吹现象,但不能用于碱性焊条焊接。

施工单位在考虑焊机的使用方便和经济性的同时,应更注重焊机的使用性能和安全性能。因此,要求在燃气工程施工过程中禁止使用便携式的交流焊机,应选用 BX1-200 型或 BX1-250 型带防护外壳的可调式焊机。该系列焊机与便携式的交流焊机相比,虽重量稍重,但具有良好的动特性、输出电流大、能微调焊接电流、负载持续率高的特点,且带有防护性外罩,既能保证焊接质量又可确保作业人员的人身安全。

2.2.13 钢管焊接施工应注意哪些事项？

【答案】

建筑燃气工程钢管焊接施工主要有以下几道工序：外观检查→管道调直→除锈→打坡口（厚度为 4mm 以上时）→对接→焊接→探伤。

1. 外观检查

在生产加工中因生产工艺问题或运输问题可能会造成管材存在壁厚不均匀、重皮、管口椭圆、碰凹、弯曲、腐蚀等问题，因此在使用前应从外观上加以检查、筛选使用。

2. 管道调直

户内燃气工程使用的钢管管径较小，由于运输装卸过程中的碰撞使一些管子弯曲变形，为了保证焊接管道外观平直，安装前应调直；大管径钢管可用弯管机加氧乙炔焰辅助调直。

3. 除锈

管道除锈方法有多种，在现场最简单有效的方法有两种，即人工手动和电动机械除锈。人工手动除锈是采用钢丝板刷，这种方式适合小管径，用量少，钢管表面生锈轻的情况。如果管道生锈面积大，施工用管量也多，最好采用电动方法，即用角向磨光机（手把电动砂轮机）将砂轮片换下，装上钢丝刷。这种方法最常用，具有除锈效果好，速度快的优点。采用这种电动机械除锈应注意人身防护，没有防护措施容易被高速脱落的钢丝击伤面部或眼睛，因此，除锈人员应戴眼镜或面罩，防尘口罩，帆布或皮手套，穿好工作服。

除锈是保证管道防腐质量的重要步骤，越彻底越好，应达到设计文件要求的除锈级别，除锈后应用干净棉纱除去表面的浮灰。

4. 管道打坡口

管道壁厚大于 4mm 时，在焊接前应将对接管端按焊接工艺要求加工坡口，保证焊接时能焊透管壁。大管径、厚壁管施工时，有的焊工为了图省事，采用气割方式，切割出坡口后，不经打磨就焊接,这是不符合焊接操作要求的。气割使焊口表面产生氧化层,且因手工操作造成坡口表面不光滑平整,预留钝边厚度不均匀,影响焊接质量。因此,若采用气割方式应将坡口表面用砂轮磨光机打磨平整后方可施焊。

5. 对口

管道对口前应将管端 15mm 范围内的铁锈、泥土、油漆等污物清除。对口尽可能使用对口卡具,这样可减少对口偏差,保证两管中心线在一条直线上。

燃气管道焊接均为单面焊双面成型,为了保证焊透,除了打坡口外,对口还应有一定间隙,管壁厚度 4~5mm 时间隙为 1.5~2mm,厚度 5~8mm 时间隙为 2.0~2.5mm,或者以使用的焊条芯插入管口间的方式控制对口间隙。

不同壁厚的管子对口时,偏差应均匀,发现有椭圆管口或因碰撞使管口成扁圆、凹坑状,应将其校圆。缺陷严重时应将有缺陷部分的管端割除,保证错口偏差在 0.5mm(壁厚为 3.5~5.0mm 时)和 1.00mm(壁厚为 5.5~8.0mm 时)之内。

6. 焊接

管道焊接有电弧焊和气焊,目前施工中常采用手工电弧焊方法。

燃气管道焊接口形式主要有对接焊和角焊,对接焊分转动焊和固定焊两种方式。

V 型焊接用于管壁厚 3~26mm 的管道对接焊,对接间隙在 $S=0~3mm$ 之间,X 型坡口焊接用于大管径厚度在 12mm 以上需双面焊接的管道。

在中压分支管、低压汇管(表箱内)分支管开孔焊接支管和法兰焊接时也常见角焊。常见的焊接质量问题是未焊透、气孔、夹渣,主要原因是未能将主管开孔处和支管端头打磨一定角度坡口或留出焊缝间隙。

管道焊接,应先点焊,将焊口固定,防止管子在施焊时偏移。点焊间距应均匀,根据不同管径点焊焊道长度 10~15mm 为宜,点焊后应将焊渣用焊工锤和钢丝刷及时清除干净。

焊接使用的焊丝和焊条,除了牌号、直径符合设计和操作要求外,焊条还应注意保温干燥,药皮潮湿、沾有污物的焊条应严禁使用。在雨期施工应做好焊接部位防雨设施,同时,施焊后不应使焊口立即受到雨水冲刷降温,以防焊缝因迅速冷却产生裂纹,户内管道一般管径较小,打底焊宜选用 $\phi 2.5$ 直径的焊条,第二道可选用 $\phi 3.2$ 焊条。

管道焊接如果不注意操作技术等质量影响因素,就会产生气孔、裂纹、未焊透、烧穿、夹渣、焊瘤、咬边、飞溅、超高等缺陷。影响焊接质量的因素主要有以下几方面:

(1) 操作人员技术水平;
(2) 焊口焊接前准备情况;
(3) 焊丝及焊条质量;
(4) 焊接电流;
(5) 焊接方位;
(6) 焊接速度;
(7) 焊接环境条件。

为保证焊接质量达到要求,就应注意保证满足上述操作条件。管道焊接除了应保证内部质量,还应注意外观质量,特别是在焊接过程中产生的大量飞溅影响管道表面的光洁度,使管道外观达不到要求。因此,焊接工作完成后,应及时清除焊口周围的飞溅,使表面光洁、美观。

7. 探伤

燃气工程要求对焊缝进行一定比例的 X 射线探伤检验,这种检验一方面可以检验焊缝质量,另一方面也是对焊工的技术操作水平进行综合检验、评价。无损探伤焊缝数量可由设计决定,当设计没有规定时,抽查数量不少于焊缝总数的 15%,焊缝质量应符合《现场设备、工业管道焊接工程施工及验收规范》(GB 50236—1998)中规定的Ⅲ级质量标准。

2.2.14 复合管施工应注意哪些事项？

【答案】

1. 一般规定

复合管安装人员，应进行必要的培训后才能上岗操作。

施工管材进场前，应在现场进行必要的清理；施工时应注意防止泥砂等污物进入管道内；管道外应防止沾粘油污；安装间断时，应将管口临时封堵。

2. 管道的调直和切断

规格小于或等于 $DN16\sim DN20$ 的管，可用手直接调直；规格大于或等于 $DN20\sim DN25$ 的管，调直一般在较为平整的地面上进行，调直方法是用脚踩住管子，滚动管子盘卷向前延伸，压直管子，再用手调直即可。

管道的切断一般使用专用的管剪，也可使用手锯或其他切割工具切断。

3. 管道的弯曲

管道可直接用手弯曲，弯曲时不用加热；弯曲半径一般应不小于管外径的5倍。弯曲时，先将弯管弹簧塞进管内到弯曲部位，然后均匀加力弯曲，弯曲成型后抽出弹簧；如弹簧不够长，可用钢丝接驳延长。

当管道需要进行弯曲半径小于5倍管外径急弯时，应采用直角弯头连接、以免损坏管材。

4. 管道的连接

复合管与管件的连接按以下步骤进行：

(1) 按所需长度用管剪将管切断；

(2) 用整圆扩孔器将管口整圆扩孔；

(3) 将螺帽和C型环套在管子端头；

(4) 将管件本体内芯插进管口内，应将内芯全部压入；

(5) 拉回C型环和螺帽，用扳手将螺帽拧固在管件本体的外螺纹上。

当管子需要与其他金属管材相连接时,如被接件带内螺纹,则采用带外螺纹的接头与其相配接;如被接件带外螺纹,则采用带内螺纹的接头与其相配接。

5. 管道的固定

(1) 管道应采用管码固定;

(2) 在三通、弯头、阀门等管件处和管道弯曲部位,应适当增设管码或支架固定。

2.2.15 燃气管道穿墙(或楼板)安装的技术要求是什么?

【答案】

燃气管道穿墙、楼板处应采用套管保护,套管可采用钢套管或非金属套管,非金属套管可采用硬聚氯乙烯管做套管,套管规格详见表2.2-4。燃气管道穿墙(或楼板)安装应满足以下要求:

燃气管的套管规格　　　　　表2.2-4

燃气管直径	DN15	DN20	DN25	DN32	DN40	DN50	DN65	DN80	DN100	DN150
套管直径	DN32	DN40	DN50	DN65	DN65	DN80	DN100	DN150	DN150	DN200

1. 套管内无接头,管口平整,固定牢固。

2. 穿墙套管两端与墙面平齐,穿外墙管道应坡向室外立管。

3. 穿楼板的套管,顶部高出地面不小于50mm,底部与顶棚面齐平,封口光滑,套管与管道之间用柔性防水材料填实,套管与墙壁(或楼板)之间用水泥砂浆填实。

4. 管道与套管之间,套管与墙面之间的封堵应做到不渗水。

2.2.16 室内明设燃气管道与墙面的净距要求是什么?

【答案】

室内明设燃气管道与墙面的净距,当管径小于DN25时,不宜小于30mm;管径在 DN25～DN40 时,不宜小于50mm;管径等于 DN50 时,不宜小于60mm;管径大于 DN50 时,不宜小于90mm。

2.2.17 室内燃气管道和电气设备、相邻管道之间的净距要求是什么?

【答案】

室内燃气管道和电气设备、相邻管道之间的净距不应小于表2.2-5的规定。

室内燃气管道和电气设备、相邻管道之间的净距　　表2.2-5

管道和设备		与燃气管道的净距(cm)	
		平行敷设	交叉敷设
电气设备	明装的绝缘电线或电缆	25	10(注)
	暗装的或放在管子中的绝缘电线	5(从所作的槽或管子的边缘算)	1
	电压小于1000V的裸露电线的导电部分	100	100
	配电盘或配电箱	30	不允许
相邻管道		应保证燃气管道和相邻管道的安装、维护和修理	2

注:当明装电线与燃气管道交叉净距小于10cm时,电线应加绝缘套管。绝缘套管的两端应各伸出燃气管道10cm。

2.2.18 室内燃气管道的安装位置有何基本要求?

【答案】

1. 液化石油气管道不应敷设在地下室、半地下室或设备层内。
2. 燃气管道严禁引入卧室,燃气管道的立管不得敷设在卧室、浴室或厕所中。
3. 室内燃气管道不应敷设在潮湿或有腐蚀性介质的房间内,当必须敷设时,必须采取防腐蚀措施。
4. 室内燃气管道不得穿过易燃易爆品仓库、配电间、变电室、电缆沟、烟道和进风道等地方。

5. 建、构筑内部的燃气管道应明设,当建筑或工艺有特殊要求时,可暗设,但必须符合规范要求。

2.2.19 燃气计量表的安装位置有何基本要求?

【答案】

1. 燃气计量表宜安装在非燃结构的室内通风良好处,用户室外安装的燃气计量表应装在防护箱内。

2. 燃气计量表严禁安装在卧室、浴室、危险品和易燃物品堆放处,以及与上述情况类似的地方。

3. 燃气计量表的安装应满足抄表、检修、保养和安全使用的要求;当燃气表装在燃气灶具的上方时,燃气表与燃气灶的水平净距不得小于 30cm。

4. 燃气计量表安装在橱柜内时,橱柜的形式应便于抄表、检修及更换,并具有自然通风的功能。

5. 公共建筑和工业企业生产用气的计量装置,宜设置在单独房间内;如果与用气设施在同一个房间时,燃气计量表与烟道、燃气灶具水平净距不应小于 80cm,与热水炉的水平净距不应小于 1.5m。

6. 安装隔膜表的工作环境温度,当使用人工煤气和天然气时,应高于 0℃;但使用液化石油气时,应高于其露点。

2.2.20 室内燃气管道暗设应注意哪些问题?

【答案】

暗设燃气管道应符合下列要求:

1. 暗设的燃气立管,可设在墙上的管槽或管道井中,暗设的燃气水平管,可设在吊顶内或管沟中。

2. 暗设的燃气管道的管槽应设活动门和通风孔;暗设的燃气管道的管沟应设活动盖板,并填充干砂。

3. 工业和实验室用的燃气管道可敷设在混凝土地面中,其燃气管道的引进和引出处应设套管。套管伸出地面 5~10cm。套管两端采用柔性的防水材料密封,管道应有防腐绝缘层。

4. 暗设的燃气管道可与空气、惰性气体、上水、热力管道等一起敷设在管道井、管沟或设备层中,此时燃气管道应采用焊接;燃气管道不得敷设在可能渗入腐蚀性介质的管沟中。

5. 当敷设燃气管道的管沟与其他管沟相交时,管沟之间应密封,燃气管道应敷设在钢套管中。

6. 敷设燃气管道的设备层和管道井应通风良好,每层的管道井应设与楼板耐火极限相同的防火隔断层,并应有进出方便的检修门。

7. 燃气管道应涂以黄色的防腐识别漆。

第三节 室内燃气管道和用气设备安装的检验

2.3.1 怎样检验室内燃气管道的安装?

【答案】

室内燃气管道检验应注意以下几点:

1. 燃气引入管和室内燃气管道与其他各类管道的最小平行、交叉净距,应符合《城镇燃气室内工程施工及验收规范》(CJJ 94—2003)要求,抽查 20%,检验外观和尺量间距。

2. 燃气管道的坡度、坡向必须符合设计文件要求,抽查管道长度的 5%,且不少于 5 段,用水准仪(水平尺)拉线和尺量检查。

3. 管螺纹加工精度应符合现行国家标准的规定,并应达到螺纹清洁、规整,断丝或缺丝不大于螺纹全扣数的 10%,连接牢固,根部管螺纹外露 1~3 扣,镀锌碳素钢管和管件的镀锌层破损处和螺纹露出部分防腐良好,接口处无外露密封材料,抽查观察不少于 10 个接口。

4. 法兰对接应平行、紧密,与管道中心线垂直、同轴,法兰垫片规格应与法兰相符,法兰与垫片材质应符合国家现行标准的规定,法兰垫片和螺栓的安装应符合《城镇燃气室内工程施工及验收规范》(CJJ 94—2003)要求,法兰连接超过5对的抽查5对,5对以下全数检查。

5. 钢管焊接检验应符合现行国家标准《现场设备、工业管道焊接工程施工及验收规范》(GB 50236—1998)的规定,焊接超过10个焊口时,抽查10个焊口,少于10个,全数检查。

6. 其他如管道支架及管座、套管、管道与墙面的净距、立管垂直度等检验,均应符合《城镇燃气室内工程施工及验收规范》(CJJ 94—2003)的相关要求。

2.3.2 怎样检验燃气计量表的安装？

【答案】

燃气计量表安装检验应注意以下几点：

1. 燃气计量表必须经过法定计量检定机构的检定,安装时计量表应在检定日期有效期限内。

2. 燃气计量表的安装方法应按产品说明书或设计文件的要求检验,安装位置、与用气设备、电气设施的最小水平净距应符合设计文件的要求。

3. 燃气计量表与管道的螺纹连接和法兰连接除应符合管道的螺纹连接和法兰连接的相关要求外,其抽查数量应满足:家用燃气计量表抽检20%,工商用燃气计量表全数检查。

4. 表支架涂漆种类和涂刷遍数应符合设计文件的要求,附着良好,无脱皮、起泡和漏涂,漆膜厚度均匀,色泽一致,无流淌和污染现象,抽查数量不少于20%,且不少于2个。

5. 燃气计量表安装后的允许偏差和检验方法应符合表2.3-1的要求,检验数量:居民用户抽查20%且不少于5台,工商用户抽查50%且不少于1台。

燃气计量表安装的允许偏差和检验方法　　表 2.3-1

序号	项目		允许偏差(mm)	检验方法
1	<25m³/h	表底距地面	±15	吊线和尺量
		表后距墙饰面	5	
		中心线垂直度	1	
2	≥25m³/h	表底距地面	±15	吊线、尺量、水平尺
		中心线垂直度	表高的 0.4%	吊线和尺量

2.3.3　室内燃气管道如何进行压力试验？

【答案】

压力试验包括强度和严密性试验：

1. 强度试验

设计压力小于 10kPa 时，试验压力为 0.1MPa；设计压力大于或等于 10kPa 时，试验压力为设计压力的 1.5 倍，且不得小于 0.1MPa。设计压力小于 10kPa 的燃气管道进行强度试验时可用发泡剂涂抹所有接头，不漏气为合格。设计压力大于或等于 10kPa 的燃气管道进行强度试验时，应稳压 0.5h，用发泡剂涂抹所有接头，不漏气为合格；或稳压 1h，压力表无压力降为合格。

2. 严密性试验

中压管道的严密性试验压力为设计压力，但不得低于 0.1MPa。用发泡剂检验，不漏气为合格。还可以用压力表试验，在达到试验压力后应保持一定时间，使温度、压力稳定，试验 24h，根据试压期间管内温度和大气压的变化按下式予以修正，修正压力降小于允许压力降为合格。

$$\Delta P' = (H_1 + B_1) - (H_2 + B_2)(273 + t_1)/(273 + t_2)$$

式中　$\Delta P'$——修正压力降(Pa)；

H_1、H_2——试验开始时和结束时的压力读数(Pa)；

B_1、B_2——试验开始时和结束时的气压计读数(Pa)；

t_1、t_2——试验开始时和结束时的管内温度(℃)。

低压管道的严密性试验,可用压力表或最小刻度为1mm的U形压力计进行,其试验压力不应小于5kPa,居民用户试验15min,商业和工业用户试验30min,压力不下降为合格。

第四节 新技术、新工艺、新材料

2.4.1 为什么要采用外镀锌钢管？其安装过程中应注意哪些问题？

【答案】

由于无缝钢管在使用过程中容易出现外腐蚀而产生管道漏气的现象,为了增强燃气管道的抗外界环境腐蚀的能力,采用外镀锌钢管替代无缝钢管。

外镀锌钢管的特点有以下几点：

1. 外镀锌钢管外表面采用热浸镀锌处理,内表面不镀锌;外表面镀锌层的表面质量、重量及厚度应符合 GB/T 3091—93 的有关规定。

2. 外镀锌钢管采用标准镀锌钢管壁厚系列,壁厚、外径应符合 GB/T 3091—93 的有关规定。

3. 外镀锌钢管采用焊接连接时,焊接前应将焊口两端 30mm 范围内的外镀锌层除去,对焊时两端管子的直焊缝应错开,焊条选用牌号为 E4303(ϕ2.5),焊接电流宜为 70~80A。

4. 1/2″的进户管可直接在 1-1/2″以上的外镀锌钢管的立管上开孔焊接,开孔处应尽量避开外镀锌钢管的直焊缝。其余规格的管道不得直接在主管道上开孔,必须采用机制管件对焊连接。

2.4.2 热收缩套在室内燃气管道施工中的作用是什么？

【答案】

燃气管道在穿墙或楼板的地方容易被腐蚀,这时可以用热收缩套套在燃气管道上,热收缩套与套管之间用中性密封胶封堵,热收缩套应与装修内墙平齐,比毛坯内墙长10mm,比外墙长20mm;穿楼板时,热收缩套高出楼板80mm。燃气管管径与热收缩套的选择见表2.4-1。

燃气管管径与热收缩套规格　　　表2.4-1

燃气管直径	DN15	DN25	DN32	DN40	DN50	DN65	DN80	DN100
热收缩套规格	FRG 30/13	FRG 55/15	FRG 75/27	FRG 75/27	FRG 110/45	FRG 130/60	FRG 140/70	FRG 160/75

第三章 室外燃气管网安装

第一节 基本概念

3.1.1 城镇燃气管道设计压力分为几种级别?

【答案】

城镇燃气管道按燃气设计压力分为 7 级,并应符合表 3.1-1 的要求。

城镇燃气设计压力(表压)分级　　　表 3.1-1

名称		压力(MPa)
高压燃气管道	A	$2.5 < P \leqslant 4.0$
	B	$1.6 < P \leqslant 2.5$
次高压燃气管道	A	$0.8 < P \leqslant 1.6$
	B	$0.4 < P \leqslant 0.8$
中压燃气管道	A	$0.2 < P \leqslant 0.4$
	B	$0.01 \leqslant P \leqslant 0.2$
低压燃气管道		$P < 0.01$

3.1.2 小区埋地燃气管道设计原则是什么?

【答案】

1. 小区燃气管道设计应符合安全生产、保证供气、经济合理和保护环境的要求;应在不断总结生产、建设和科学实验的基础上,积极采取行之有效的新工艺、新材料、新技术和新设备,做到技术先进,经济合理。

2. 小区燃气管道设计用气量应根据当地供气原则和条件确定。

3. 小区燃气管道设计应符合城镇燃气总体规划,在可行性研究的基础上做到远、近期结合,以近期为主;结合地形地貌、管材设备供应条件、施工和运行等因素,经技术经济比较后确定合理的方案。

4. 小区燃气管道的局部阻力损失可按燃气管道摩擦阻力损失的 5% ~ 10% 进行计算。

5. 小区燃气管道计算流量可按下式计算:

$$Q_h = K_t(\sum KNQ_n)$$

式中 Q_h——燃气管道的计算流量(m^3/h);

K_t——不同类型用户的同时工作系数;当缺乏资料时,可取 $k_t = 1$;

K——燃具同时工作系数,可按《城镇燃气设计规范》(GB 50028—93)(2002 年版)居民生活用燃具同时工作系数确定;

N——同一类型燃具的数目;

Q_n——燃具的额定流量(m^3/h)。

3.1.3 埋地燃气管道与其他管道的安全间距有哪些基本要求?

【答案】

燃气管道与其他管道的安全间距应符合表 3.1 – 2 和 3.1 – 3 的规定。

埋地燃气管道与建筑物、构筑物或相邻管道之间的水平间距　表 3.1-2

项　　目		地下燃气管道				
		低压	中压		次高压	
			B	A	B	A
建筑物的	基　础	0.7	1.0	1.5		
	外墙面(出地面处)				4.5	6.5
给水管		0.5	0.5	0.5	1.0	1.5
污水、雨水排水管		1.0	1.2	1.2	1.5	2.0
电力电缆 (含电车电缆)	直　埋	0.5	0.5	0.5	1.0	1.5
	在导管内	1.0	1.0	1.0	1.0	1.5
通信电缆	直　埋	0.5	0.5	0.5	1.0	1.5
	在导管内	1.0	1.0	1.0	1.0	1.5
其他燃气管道	$DN \leqslant 300mm$	0.4	0.4	0.4	0.4	0.4
	$DN > 300mm$	0.5	0.5	0.5	0.5	0.5
热　力　管	直　埋	1.0	1.0	1.0	1.5	2.0
	在管沟内(至外壁)	1.0	1.5	1.5	2.0	4.0
电杆(塔)的基础	$\leqslant 35kV$	1.0	1.0	1.0	1.0	1.0
	$> 35kV$	2.0	2.0	2.0	5.0	5.0
通讯照明电杆(至电杆中心)		1.0	1.0	1.0	1.0	1.0
铁路路堤坡脚		5.0	5.0	5.0	5.0	5.0
有轨电车钢轨		2.0	2.0	2.0	2.0	2.0
街树(至树中心)		0.75	0.75	0.75	1.20	1.20

地下燃气管道与构筑物或相邻管道之间的垂直净距(m)　表 3.1-3

项　目		地下燃气管道(当有套管时,以套管计)
给水管、排水管或其他燃气管道		0.15
热力管的管沟底(或顶)		0.15
电　缆	直　埋	0.50
	在导管内	0.15

续表

项 目	地下燃气管道(当有套管时,以套管计)
铁路轨底	1.20
有轨电车轨底	1.00

注:1. 如受地形限制无法满足表3.1-2和表3.1-3时,经与有关部门协商,采取行之有效的防护措施后,表3.1-2和表3.1-3规定的净距,均可适当缩小,但次高压管道距建筑物外墙面不应小于3.0m,中压管道距建筑物基础不应小于0.5m且距建筑物外墙面不应小于1m,低压管道应不影响建(构)筑物和相邻管道基础的稳固性。且次高压A燃气管道距建筑物外墙面6.5m时,管道壁厚不应小于9.5mm;管壁厚度不小于11.9mm或小于9.5mm时,距外墙面分别不应小于《城镇燃气设计规范》(GB 50028—93)(2002年版)表5.9.12中地下燃气管道压力为1.61MPa的有关规定。
2. 表3.1-2和表3.1-3规定除地下燃气管道与热力管的净距不适于聚乙烯燃气管道和钢骨架聚乙烯塑料复合管外,其他规定也均适用于聚乙烯管道和钢骨架聚乙烯塑料复合管道。聚乙烯燃气管道与热力管道与热力管的净距应按国家现行标准《聚乙烯燃气管道工程技术规程》(CJJ 63—1995)执行。

3.1.4 埋地燃气管道土石方工程开挖时应注意哪些问题?并满足哪些技术要求?

【答案】

1. 开挖要求

(1) 施工单位应作好管沟开挖前的一切准备工作,并会同建设、设计及其他有关单位共同核对有关地下管线及构筑物的资料,必要时开挖探坑核实。

(2) 在施工区域内,有碍施工的已有建筑物和构筑物、道路、沟渠、管线、电杆、树木等,应在施工前,由建设单位与有关单位协商处理。

(3) 管沟必须按设计图纸放线。

(4) 在地下水位较高的地区或雨期施工时,应采取降低水位或排水措施,及时清除沟内积水。

2. 开槽

（1）管道沟槽应按设计所定平面位置和标高开挖。人工开挖且无地下水时，槽底预留值宜为 0.05~0.10m；机械开挖或有地下水时，槽底预留值不应小于0.15m；管道安装前应人工清底至设计标高。

（2）管沟沟底宽度和工作坑尺寸可按下列要求确定：

1) 单管沟底组装按表3.1-4确定。

沟底宽尺寸　　　　　　　　表3.1-4

管的公称直径(mm)	50~80	100~200	250~350	400~450	500~600	700~800	900~1000	1100~1200	1300~1400
沟底宽度(m)	0.6	0.7	0.8	1.0	1.3	1.6	1.8	2.0	2.2

2) 单管沟边组装和双管同沟敷设可按下式计算：

$$a = D_1 + D_2 + S + C$$

式中　a——沟底宽度(m)；

　　　D_1——第一条管外径(m)；

　　　D_2——第二条管外径(m)；

　　　S——两管之间设计净距(m)；

　　　C——工作宽度，当在沟底组装时，$C=0.6$(m)，当在沟边组装时，$C=0.3$(m)。

（3）梯形槽(图3.1-1)上口宽度可按下列公式确定：

$$b = a + 2nh$$

式中　b——构槽上口宽度(m)；

　　　a——沟槽底宽度(m)；

　　　n——沟槽边坡率(边坡的水平投影与垂直投影的比值)；

　　　h——沟槽深度(m)。

（4）在无地下水的天然湿度土壤中开挖沟槽时，如沟深不超过下列规定，沟壁可不设边坡。

1) 填实的砂土或砾石土　1m；

2) 亚砂土和亚黏土 1.25m；
3) 黏土 1.5m；
4) 坚土 2m。

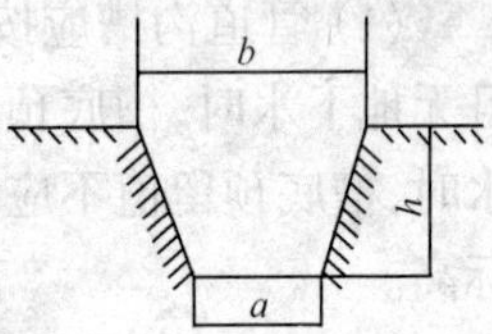

(5) 土壤具有天然湿度、构造均匀、无地下水、水文地质条件良好、挖深小于 5m 且不加支撑的沟槽,其边坡坡度可按表 3.1-5 确定。

图 3.1-1 梯形槽横断面

(6) 在无法达到表 3.1-5 的要求时,应用支撑加固沟壁。对于不坚实的土壤应作连续支撑,支撑物应有足够的强度。

深度在 5m 以内的沟槽最大边坡坡度(不加支撑)　　表 3.1-5

土壤名称	边坡坡度(1:n)		
	人工开挖并将土抛于沟边上	机械开挖	
		在沟底挖土	在沟边上挖土
砂土	1:1.00	1:0.75	1:1.00
亚砂土	1:0.67	1:0.50	1:0.75
亚黏土	1:0.50	1:0.33	1:0.75
黏土	1:0.33	1:0.25	1:0.67
含砾土卵石土	1:0.67	1:0.50	1:0.75
泥炭岩白垩土	1:0.33	1:0.25	1:0.67
干黄土	1:0.25	1:0.10	1:0.33

注:1. 如人工挖土不把土抛于沟槽上边立即运走,可采用机械在沟底挖土的坡度值;
2. 临时堆土高度不宜超过 1.5m,靠墙堆土时,其高度不得超过墙高的 1/3。

(7) 局部超挖部分应回填夯实,当沟底无地下水时,超挖在 0.15m 以内者,可用原土回填夯实;超挖在 0.15m 以上者,可用石灰土处理,其密实度应接近原地基天然土的密实度。当沟底有地下水或含水量较大时,可用天然砂回填。

(8) 对于湿陷性黄土地区的开挖,不宜在雨期施工,或在施工时切实排除沟内积水,开挖中应在槽底预留 0.03~0.06m 厚的土层进行压实处理。

(9)沟底遇有废旧构筑物、硬石、木头、垃圾等杂物时,必须清除,然后铺一层厚度不小于 0.15m 的砂土或素土,并整平夯实。

3.1.5 埋地燃气管道土石方工程回填时应满足哪些技术要求?

【答案】

沟槽在管道施工验收合格后应及时回填,恢复和平整地面,晾槽过久会引起槽壁坍塌,影响管道工程质量,防碍交通和市容。

1. 回填区域划分

沟槽按区域不同分 3 个区,Ⅰ区为胸腔,Ⅱ区为管顶以上 0.5m 范围内,Ⅲ区为管顶 0.5m 以上的部分。

2. 回填方法

1) 胸腔及管顶以上 0.5m 范围内,回填土中不得含有碎石、砖块及大于 10cm 的硬土块,对有防腐层的直埋管道,应用细土回填,填土高差不超过 20cm,每 20cm 一层,夯实一次,用木夯轻夯。

2) 胸腔以上部位,分段回填时,两段搭接处不要形成陡坎,要留成阶梯状,阶梯长度大于高度两倍,要分层夯实,每层厚 25cm,管顶以上填土夯实高度达 0.5m 后,可采用小型机械压实,每层厚 25~40cm。

3. 质量要求

回填土压实后,应分层检查密实度,并做好回填记录。沟槽各部位回填土的密实度要求如下:

Ⅰ、Ⅱ区回填土的密实度不应小于 90%;

Ⅲ区回填土的密实度应符合相应地面对密实度的要求。

第二节 室外燃气管道及设备安装

3.2.1 室外埋地燃气管道的管材管件有哪几种?其连接方式有哪些?

【答案】

目前室外埋地燃气管道的管材主要有铸铁管、钢管、聚乙烯(PE)管道和钢骨架聚乙烯复合管道等,管件主要有三通、弯头、套筒和变径接头等。

铸铁管主要采用承插连接和法兰连接。承插口之间的间隙填以各种填料,常用的填料有麻－膨胀水泥(或石膏水泥)、橡胶圈－膨胀水泥(或石膏水泥)、橡胶圈－麻－膨胀水泥(或石膏水泥)和橡胶圈－麻－青铅等等。凡是不用水泥作填料的接口称作柔性接口,反之称作刚性接口。

钢管主要采用焊接和法兰连接。建筑燃气工程施工中最常用的焊接方法是手工电弧焊和手工钨极氩弧焊。图3.2-1是一种手工电弧焊机。

聚乙烯(PE)燃气管道主要采用热熔对接和电熔连接。图3.2-2是一种电熔焊机,图3.2-3是一种热熔对接焊机。

图3.2-1　手工电弧焊机　　　　图3.2-2　电熔焊机

钢骨架聚乙烯复合管道主要采用电熔连接和法兰连接。

3.2.2　燃气工程施工中有哪些常规的管道焊接规程?

【答案】

在燃气工程施工中焊接作业应符合如下焊接规程的要求:

1. 焊缝的设置

图 3.2-3 热熔对接焊机

焊缝的设置应避开应力集中区,管子对接焊缝与支、吊架边缘之间的距离不应小于 50mm,同一直管段上两对接焊缝中心面间的距离:当公称直径大于或等于 150mm 时不应小于 150mm;公称直径小于 150mm 时不应小于管子外径。

2. 坡口加工及清理

焊件的切割和坡口加工宜采用机械方法,在采用热加工方法加工坡口后,必须除去坡口表面的氧化皮、熔渣及影响接头质量的表面层,并应将凹凸不平处打磨平整;焊件组对前应将坡口及其内外侧表面不小于 20mm 范围内的油、漆、垢、锈、毛刺及镀锌层等清除干净,且不得有裂缝、夹层等缺陷。

3. 焊缝组对

组对前应对坡口尺寸、坡口表面进行检查,其质量应符合焊接工艺文件的要求;管子或管件对接焊缝组对时,内壁应齐平,内壁错边量不宜超过管壁厚度的10%,且不应大于2mm;组对后应检查组对错边量、变形、组对间隙,确认其符合设计文件、焊接作业指导书及规范GB 50236—1998的有关规定。

4. 定位焊缝

焊接定位焊缝时,应采用与根部焊道相同的焊接材料和焊接工艺,并应由合格焊工施焊;定位焊缝的长度、厚度和间距,应能保证焊缝在正式焊接过程中不致开裂;在焊接根部焊道前,应对定位焊缝进行检查,当发现缺陷时应处理后方可施焊;定位焊缝焊完后,应清除渣皮进行检查,对发现的缺陷应去除后方可进行焊接。

5. 焊接过程

严禁在坡口之外的母材表面引弧和试验电流,并应防止电弧伤母材;焊接时应采取合理的施焊方法和施焊顺序;施焊过程中应保证引弧和收弧处的质量,收弧时应将弧坑填满,多层焊的层间接头应错开;管子焊接时,管内应防止穿堂风;多层焊每层焊完后,应立即对层间进行清理,并进行外观检查,发现缺陷消除后方可进行下一层的焊接;对焊接线能量有规定的焊缝,施焊时应测量电弧电压、焊接电流及焊接速度并应记录,焊接线能量应符合焊接作业指导书的规定。

6. 焊后工作

除焊接作业指导书有特殊要求的焊缝外,焊缝应在焊完后立即去除渣皮、飞溅物,清理干净焊缝表面,然后进行焊缝外观检查;按要求做好焊接施工记录。

3.2.3 焊缝质量检测分为哪几类?

【答案】

按照焊接作业时间顺序,可分为焊接前检查、焊接过程中的检查和焊接后检查。根据检查过程是否对焊接接头造成破坏,可将其分为焊缝外观检查、焊缝内部质量检验(即无损检测)和破坏性试验。

1. 焊缝外观检查

在焊接作业完成及焊缝表面清理干净之后,利用目测或焊接检查尺、低倍放大镜等工具对焊缝外观尺寸及缺陷进行检查,主要检查焊缝的外观尺寸是否符合工艺质量要求以及是否存在焊缝外表面的气孔、夹渣、未焊透、未熔合、焊瘤、电弧损伤、凹坑、咬边和焊接裂缝纹等。焊缝外观质量应符合下列规定:

(1) 设计文件规定焊缝系数为 1 的焊缝或规定进行 100% 射线照相检验或超声波检验的焊缝,其外观质量不得低于现行国家标准《现场设备、工业管道焊接工程施工及验收规范》(GB 50236—1998)表 11.3.2 中的二级要求。

(2) 设计文件规定进行局部射线照相检验或超声波检验的焊缝,其外观质量不得低于现行国家标准《现场设备、工业管道焊接工程施工及验收规范》(GB 50236—1998)表 11.3.2 中的三级要求。当焊缝外观质量不符要求时,应及时进行修磨处理。

2. 焊缝内部质量检验

检验方法主要有射线检测(RT)、超声波检测(UT)、磁粉检测(MT)、渗透检测(PT)。在燃气工程施工中,一般采用射线检测对对接焊缝进行焊缝内部质量检查。焊缝内部质量的抽样检验应符合《城镇燃气输配工程施工及验收规范》(CJJ 33—2005)要求,即:

(1) 管道内部质量的无损检测数量,应按照设计规定执行。当设计无规定时,抽查数量不应少于焊缝总数的 15%,且每个焊工不应少于一个焊缝。抽查时应侧重抽查固定焊口。

(2) 穿越或跨越公路、铁路、河流、桥梁、建筑物及敷设在套管内的焊缝,必须进行 100% 的射线照相检验。

(3) 当抽样检验的焊缝全部合格时,则此次抽样所代表的该批焊缝应为全部合格;当抽样检验出现不合格焊缝时,对不合格焊缝应按照原焊接方法进行返修直至合格,且应按下列规定扩大检验:

1) 每出现一道不合格焊缝,应再抽检两道该焊工所焊的同批焊缝,按照原探伤方法进行检验;

2) 如第二次抽检仍出现不合格焊缝,则应对该焊工所焊全部

同批的焊缝按照原探伤方法进行检验。对出现的不合格焊缝必须进行返修,并应对返修焊缝按照原探伤方法进行检验;

3) 同一批焊缝的返修次数不应超过2次;

4) 当确需进行超次返修时,则应制定返修方案并经总工程师审批及监理同意后方可实施。

3. 破坏性试验

破坏性试验主要包括拉伸试验、弯曲试验、金相检验、爆破试验等。破坏性试验一般在焊接工艺评定时采用。

3.2.4 焊接缺陷分为哪几大类?有哪些常见的焊接缺陷?其危害和产生的原因是什么?

【答案】

1. 根据焊接缺陷的性质,大体可分为三种类型:形状尺寸缺陷、结构缺陷及性能缺陷。

(1) 形状尺寸缺陷:焊接变形;尺寸偏差(错边、角度偏差、焊缝尺寸过大或过小);外观不良(焊缝高低不平,外表波形粗劣、焊缝宽窄不齐、焊缝超高、角焊缝焊脚不对称、焊缝表面不良、焊缝接头不良);以及飞溅和电弧擦伤等。

(2) 结构缺陷:焊缝外表和内部的气孔、夹渣、未熔合、未焊透、焊瘤、凹坑、咬边和焊接裂缝纹。

(3) 性能缺陷:焊接接头的力学性能(如抗拉强度、屈服点、冲击韧性及冷弯角度)、化学成分以及其他如耐腐蚀性能等不符合要求。

2. 常见的焊接缺陷以及它的危害和产生的原因是:

(1) 咬边

因焊接造成沿焊缝边缘(焊趾)出现的低于母材表面的凹陷或沟槽称为咬边。咬边是由于焊接过程中,焊件边缘的母材金属被熔化后,未及时得到熔化金属的填充所致;咬边是一种较为危险的缺陷,它将削弱焊接接头的强度,产生应力集中。咬边的产生原因主要是,焊接规范参数选择不当或操作工艺技术不正确所造成,如焊接电流过大、电弧电压太高(电弧过长)、焊接速度太快、焊条的运条手法及焊条角度不当。

(2) 气孔

由于焊接过程中高温时产生的气泡,在冷却凝固时未及时逸出而残留在焊缝金属内所形成的孔穴,称为气孔。根据气孔存在的部位可分为外部气孔和内部气孔。气孔会影响焊缝的外观质量,削弱焊缝的有效工作截面,降低焊缝的强度和塑性,贯穿焊缝的气孔则使焊缝致密性破坏造成渗漏。气孔产生的原因主要是:焊接过程中焊接区的良好保护受到破坏;母材焊接区和焊丝表面有油污、铁锈和吸附水等污染物;焊条受潮,烘焙不充分;焊接电流过大或过小、焊接速度过快;焊接电弧过长、电弧电压偏高。

(3) 夹渣

焊后残留在焊缝中的非金属熔渣称为夹渣。夹渣与夹杂物不同,夹杂物是焊接冶金反应过程中产生残留在晶界内或晶间的非金属杂质,夹渣是一种宏观缺陷。夹渣可能存在于焊缝与母材坡口侧壁交接处,也可能存在于焊道和焊道之间。夹渣的存在将减少焊接接头的工作截面,对焊缝的危害与气孔相似,影响焊缝的力学性能(如抗拉强度和塑性)。产生夹渣的原因主要是,多层焊时每层焊道间的熔渣未清除干净;焊接电流过小、焊接速度过快;焊接坡口角度太小,焊道成型不良;焊条角度和运条技法不当;焊条质量不好。

(4) 未熔合

熔化焊接时,在焊缝金属与母材之间或焊道金属的层间,未能完全熔化结合而留下的缝隙称为未熔合。未熔合属于一种面状缺陷,其危害程度类同于裂纹,易造成应力集中,是一种危害性很大的缺陷。形成未熔合的原因主要是,多层焊时层间和坡口侧壁熔渣清理不干净;焊接规范选择不合适,焊接电流偏小;焊接时焊丝或焊条在坡口的位置不正确,偏离坡口侧壁距离太大。

(5) 未焊透

焊接时,焊接接头的母材之间(如接头的根部)未完全熔透称为未焊透。在单面焊接时,焊缝熔透达不到根部,形成根部未焊透。未焊透使工作截面削弱,降低焊接接头的强度并会造成应力集中。未焊透的原因主要是:焊接坡口设计不良,坡口角度太小,钝边太厚,装配间隙过小;焊接工艺选择不合适,焊接电流过小、电弧电压偏高、焊接速度过大;运条技法不当或焊接过程产生电弧磁偏吹。

(6) 裂纹

焊接裂纹是危害焊接结构安全性的最危险缺陷,是不允许存在的焊接缺陷。在建筑燃气工程施工中,因母材使用的主要是低碳钢,且结构简单,一般很少出现焊接裂纹。

3.2.5 室外埋地钢管主要有哪几种防腐方法?

【答案】

随着科技的进步,室外埋地燃气钢管的防腐方法层出不穷,在这里主要介绍几种过去和现在较为普遍的防腐方法。

1. 石油沥青

石油沥青是使用最早的传统防腐材料,造价低廉,货源充足,工艺成熟。缺点是吸水率高、易老化,施工中对环境污染大,劳动条件差,不耐微生物侵蚀及植物根须穿透。石油沥青涂层厚度要求见表 3.2-1。

石油沥青涂层等级结构 表 3.2-1

等级	结构	每层沥青厚度(mm)	总厚度(mm)
普通防腐	沥青底漆-沥青-玻璃布-沥青-外保护层	≈1.5	≥4.0
加强防腐	沥青底漆-沥青-玻璃布-沥青-玻璃布-沥青-外保护层	≈1.5	≥5.5
特加强防腐	沥青底漆-沥青-玻璃布-沥青-玻璃布-沥青-玻璃布-沥青-外保护层	≈1.5	≥7.0

石油沥青涂层施工中的注意事项如下：

(1) 认真检查管道表面除锈质量，并应在完全干燥的情况下实施涂敷。

(2) 底漆配制：使用的沥青要与防腐层沥青相同，与汽油的体积配比为沥青：汽油 = 1：2.5～3.5，汽油最好使用无铅汽油；底漆宜在现场配制、现场使用；使用前应充分搅拌，并用25目滤网过滤；对变稠的底漆，应稀释后再用。

(3) 沥青熬制及涂敷：沥青熬制温度180～220℃，熬制过程要经常搅拌，脱水后使用；沥青层应在底漆干燥后再行涂敷；涂敷温度150～180℃，涂刷方向与管轴线呈60℃，涂刷均匀；离管口25～30cm内暂不涂刷，待试压完成后再行补口。

(4) 玻璃布性能及缠绕：玻璃布厚0.1mm，经纬密度8×8根/cm^2，含碱小于12%，表面光滑；布带宽度：当管径为800以下时用25cm；以上时用50cm；应在沥青层半凝状态时进行与管轴线保持60°的螺旋状缠绕，每圈搭边5cm左右，不能有间隙，包扎第二层时，缠绕方向应与上一层相反。

(5) 聚氯乙烯专用塑料布要求在 -40～70℃条件下不脆裂、不降低强度；外层包扎时，搭边2～3cm，并与上一层玻璃布反向缠绕。

2. 环氧煤沥青

环氧煤沥青是国内近10年来推广较快的一种防腐涂料，它的涂层致密，吸水性小(<5%)，耐化学介质，耐微生物侵蚀，耐植物根须穿透，使用寿命长，防腐效果好，施工及补口方便。缺点是价格高，比石油沥青高出50%左右。环氧煤沥青防腐的要求见表3.2-2和表3.2-3。

环氧煤沥青(底漆、面漆)技术条件 表3.2-2

	漆膜外观	黏度(涂4.25℃)	细度(mm)	附着力(级)	柔韧性(mm)	冲击强度(MPa)	固体含量(重量%)	贮存年限(年)
底漆	红棕有光	80～150	≤80	1	1	5.0	85	2
面漆	黑色有光							

注：环氧煤沥青防腐所需底漆、面漆、稀释剂、固化剂等需由生产厂家配套供应。

环氧煤沥青涂层等级结构 表3.2-3

等级	结 构	总厚度(mm)
普通	底漆-面漆-玻璃布-两层面漆	≥0.4
加强	底漆-面漆-玻璃布-面漆-玻璃布-两层面漆	≥0.6
特加强	底漆-面漆-玻璃布-面漆-玻璃布-面漆-玻璃布-两层面漆	≥0.8

环氧煤施工中,除自身特点外,其注意事项与石油沥青施工注意事项基本相似,故不赘述。

3. 聚乙烯胶粘带

聚乙烯胶粘带是前几年用得较多的一种防腐材料,其施工简单快速,补口方便,不产生环境污染,综合价格略低于环氧煤沥青。它的缺点是受人为因素影响较大。聚乙烯胶粘带防腐的要求见表3.2-4。

胶粘带防腐层的等级与结构 表3.2-4

防腐等级	结 构	总厚度(mm)
普通级	底漆-内带-外带,带间搭接宽度10~20mm	≥0.7
加强级	底漆-内带-外带,带间搭接宽度为胶带幅宽的50%	≥1.0
特加强级	底漆-1~2层内带-2层外带,带间搭接宽度为胶带幅宽的50%	≥1.4

聚乙烯胶粘带及底漆的质量均应符合《钢制管道聚乙烯胶粘带防腐层技术标准》(SY/T 0414—1998)的要求。聚乙烯胶粘带施工除在除锈、底漆、缠绕等方面与前面基本相同外,还应注意以下几条:

(1) 涂刷的底漆均匀成膜,手触发粘时即可缠带,不必等到底漆干透。

(2) 下卷胶带与上卷胶带搭接长度不少于1/4周长,并不得少于100mm。

(3) 预制好的管材在吊装、运输、贮存、下管时,禁止钢绳、钢架直接与胶带防腐管件接触,应以胶皮隔垫,减少损伤。

4. 聚乙烯防腐层

聚乙烯防腐层防腐也称聚乙烯包覆防腐,是一种新型的防腐方法。厂家在厂里通过机器将管道除锈喷漆后包覆上一层聚乙烯材料(俗称 PE 夹克管),现场连接后用热收缩套(带)对焊口进行补口防腐。聚乙烯包覆防腐施工简便,快速安全,不产生环境污染,而且质量可靠,防腐性能卓越,不易损坏,目前包括西气东输等天然气工程均采用这种防腐方法。聚乙烯包覆防腐的缺点是造价比较高。其防腐层的厚度要求见表 3.2-5。

聚乙烯防腐层的厚度   表 3.2-5

钢管公称直径 DN(mm)	环氧粉末涂层 (μm)	胶粘剂层 (μm)	防腐层最小厚度(mm)	
			普通级(G)	加强级(S)
$DN \leqslant 100$	≥80	170~250	1.8	2.5
$100 < DN \leqslant 250$			2.0	2.7
$250 < DN < 500$			2.2	2.9
$500 \leqslant DN < 800$			2.5	3.2
$DN \geqslant 800$			3.0	3.7

5. 电保护法

电保护法常用的有外加电源保护法(阴极保护)和牺牲阳极保护法,一般要与绝缘层防腐方法同时采用,可较大提高防腐效果。电保护法是根据电化学腐蚀的基本原理,即在腐蚀电池中,阳极受腐蚀损坏,而阴极是保存完好的。因此,设法把被保护的金属管线变为阴极,从而就使其得到了保护。

(1) 阴极保护法

阴极保护法主要用于燃气长输管线及市效主干管线上,在市区,为避免对其他地下金属管网及构筑物的影响,不能采用这种方法。

阴极保护站是阴极保护的主要设施，由直流电源、阳极接地、导线、通电点及测试桩、绝缘法兰等几部分组成。阴极保护站的保护半径为 15~20km，站址应选在被保护管段的中间，电源要方便可靠，能连续工作，并便于安置阳极接地。为了便于管理，一般与加压站、清管站建在一起。

(2) 牺牲阳极保护法

牺牲阳极保护法不需电源设备，维修简单，输出电流小，对邻近金属管道及其他金属构筑物不产生破坏，因此适于在市区管网中应用。其施工注意事项如下：

1) 在牺牲阳极保护范围内，钢管各处绝缘层电阻均应达到耐电压测试标准；

2) 牺牲阳极严禁沾染油污、酸碱等。埋设后接地电阻越小越好，检测时应小于 1Ω；

3) 阳极与被保护钢管距离在 0.6~0.7m 为佳，最小 0.3m，最大 7m。埋深应在冻土层以下，一般与钢管底同深；

4) 在阳极与被保护钢管之间，不能有其他金属构筑物。

3.2.6 对钢管防腐绝缘层的检验有什么要求？

【答案】

1. 除锈检验

燃气埋地钢管防腐除锈一般按《涂装前钢材表面预处理规范》(SY/T 0407—1997)中规定的 St3 级标准验收，即完全去除表面油脂，疏松氧化皮、浮锈等。紧密附着的氧化皮、点锈坑等残留物在任何 100mm × 100mm 面积上不超过 1/3。除此之外，涂刷底漆时还应清除表面灰土，保证管壁处于干燥状态。

2. 绝缘层外观检验

底漆应涂刷均匀，无空白、凝块。石油沥青绝缘层应在底漆干透后（环氧煤沥青表干即可）涂敷。每层均应保证光滑，无气泡、无针孔、无裂纹；玻璃布和外层包裹要缠绕紧密，不产生下垂，搭接均匀无空白。包扎层数及厚度要符合相应的工艺技术标准。

3. 耐电压试验

施工管段的绝缘层防腐完成，外观检验合格后，使用管道电火花检漏仪进行耐电压测试。耐压标准为普通级 18kV，加强级 22kV，特加强级 26kV。

电火花检漏仪是利用高压放电原理，由电池组、检漏仪、高压枪、探头等组成的检查绝缘层内部缺陷的仪器。当探头检查到气孔、损伤时，会出现火花放电并发出报警声响。检测发生问题的部位，应重新进行防腐处理后，对该处及相连部位再进行测试，合格为止。

4. 厚度测试

按防腐等级要求，每 20 根抽查一根，每根查 3 个截面，每一截面取上、下、左、右 4 点，以最薄为准。若不合格，再抽查 2 根，若其中 1 根不合格，则该批均判为不合格。测厚用防腐层测厚仪，也可用针刺法。经针刺处要用喷灯加热封死。

3.2.7 为什么要推广使用聚乙烯(PE)燃气管道？

【答案】

聚乙烯管道相对于钢管、铸铁管、PVC-U 管而言，具有许多优点，主要体现在：

1. 聚乙烯管道使用寿命长，可达 50 年以上，这是国外根据聚乙烯管材环向抗拉强度的长期静水压设计基础值(HDB)确定的，已被国际标准确认，而钢管的一般使用年限不超过 20 年，铸铁管为 30 年。

2. 耐腐蚀。钢管在土壤中极易受到电化学腐蚀，为延长使用寿命，常采用绝缘层和电保护防腐蚀。防腐蚀工程施工复杂、造价高，防腐蚀质量受气候及人为因素影响大，好的防腐蚀涂层可使管道使用寿命达 20 年，防腐蚀差的钢质管道，2~3 年就会腐蚀穿孔。而聚乙烯为惰性材料，除少数强氧化剂外，可耐多种化学介质的侵蚀，无电化学腐蚀，不需要防腐层。

3. 具有优良的焊接性能，连接质量可靠。聚乙烯管道主要采用熔接连接(热熔连接或电熔连接),本质上保证接口材质、结构与管体本身的同一性,实现了接头与管材的一体化。试验证实,其正确接口的抗拉强度及爆破强度均高于管材本体,可有效地抵抗内压力产生的环向应力及轴向的拉伸应力。因此与橡胶圈类接头或其他机械接头相比,不存在因接头扭曲造成泄漏的危险。

4. 柔韧性好,抗震能力强。聚乙烯管是一种高韧性的管材,其断裂伸长率最少超过300%,一般超过500%,对管基不均匀沉降的适应能力非常强,也是一种抗震性能优良的管道。

5. 聚乙烯管具有优良的挠性,可以进行盘卷,以较长的长度供应,不需要各种连接管件;可用于不开槽施工,聚乙烯管走向容易依照施工方法的要求进行改变;可在施工前改变管材的形状,插入旧管后恢复原来的大小和尺寸。

6. 相对于PVC-U等其他塑料管,聚乙烯管道具有较好的抗慢速和抗快速裂纹传递能力。

7. 聚乙烯管道重量轻,为钢管的1/8,施工方便,焊接简易,快而可靠,能够在沟上焊接较长的长度,从而降低工人的劳动强度。

8. 维修少,抢修方便,可利用断气工具夹扁聚乙烯管断气,为快速检修提供便利,也可采用鞍型管件在通气管线上实现不停气、不降压条件下接支线。

9. 聚乙烯管内壁光滑,当量绝对粗糙度仅为钢管的1/20。

当然,聚乙烯燃气管道也有技术性缺点,主要表现在:遭人为破坏和机械破坏的可能性高于钢管;只能在埋地或遮挡紫外线情况下使用;对温度敏感。但这些缺点可以在正确设计、施工以及加强维护的情况下得以改善和避免。总的来说,聚乙烯管道的优点更突出,相对于钢管、铸铁管、PVC-U管而言更适合做燃气管道的工程材料,所以要推广使用聚乙烯燃气管道。

3.2.8 聚乙烯燃气管道有哪些连接方式?如何保证其焊口质量?

【答案】

聚乙烯管道之间按其连接方式的不同,一般分为热熔连接和电熔连接两种。电熔连接是通过对预埋于电熔管件内表面的电热丝的通电而使其加热,从而使管件的内表面及管材(或管件)的外表面分别被熔化,冷却到要求的时间后而达到焊接目的。热熔连接是用专用设备加热管材(或管件)的端面,使其熔化,然后迅速将其贴合,保证有一定的压力,冷却后达到熔接的目的。

电熔连接受环境、人为因素影响较少,接头较为牢固可靠,但管件加工工艺复杂,成本较高。以前的手动或半自动热熔连接受环境、人为因素影响较多,接头质量没有电熔连接的可靠,只是不用管件,成本较低。现在使用全自动热熔对接焊机后,由计算机控制温度、压力、时间、顺序等焊接参数,将人为因素降到最低,准确度高,实践证明焊接质量可靠,接头牢固,可以与电熔焊接媲美,而成本比电熔连接低得多。

聚乙烯管道电熔连接和全自动热熔对接的质量控制要点见表3.2-6。

PE 管道连接质量控制要点　　　　表 3.2-6

PE 管电熔连接	PE 管全自动热熔对接
1. 焊工应按有关规定进行考试,取得政府职能部门颁发的 PE 电熔焊工资格证方可施焊	1. 焊工应按有关规定进行考试,取得政府职能部门颁发的 PE 热熔焊工资格证方可施焊
2. 在寒冷气候(-4℃以下)和大风、雨环境下进行连接操作时,应采取保护措施或调整连接工艺	2. 在寒冷气候(-4℃以下)和大风、雨环境下进行连接操作时,应采取保护措施或调整连接工艺
3. 通电加热的电压和加热时间应符合电熔连接机具和电熔管件生产厂的规定	3. 电压应符合热熔对接机具的规定
4. 管道末端必须切成直角并清除碎屑及附着物	4. 发热板应保持非常清洁,没有污染物、尘埃及聚乙烯熔化物。为清除发热板上余下尘埃,在每天进行第一次焊接前,转换不同直径管材作焊接前及使用其他方法清洁发热板之后,都应以卷边形成清洁法来清洁发热板
5. 用洁净棉布等擦净管材、管件连接面上的污物	

续表

PE管电熔连接	PE管全自动热熔对接
6. 标出插入深度,用专用刮刀将插入端表面表皮刮除,须彻底刮净 7. 用专用夹具夹住校直待连管道,防止熔合过程管道移动 8. 熔合过程和冷却时间内不得碰动管道,移离机身的管子应有10min的冷却时间	5. 两段管道须对齐平放,可移动一方用滑动支架承托 6. 用干净棉布等将管末端表面及内外壁抹净 7. 自动铣削完后,以视觉检查铣削面的质量,对齐后检查管子是否对准及管末端两表面是否齐平 8. 焊接过程和冷却时间内不得碰动管道,移离机身的管道应有10min的冷却时间

无论哪一种连接方式均存在一定程度的人为因素,所以焊工是否取得相应的上岗证及是否有责任心对焊口质量有很大影响。焊工首先要持证上岗,熟练掌握焊接要领,并要求具有高度责任心,对焊接管材、管件采取必要的加工,控制好各参数,每一步都不能马虎,每一步按要求操作才能保证一个100%合格的接口。

3.2.9 如何检验聚乙烯燃气管道的焊口质量?

【答案】

聚乙烯燃气管道的电熔连接和全自动热熔对接焊口由于缺乏无损检测手段,所以连接完后应加强施工自检和第三方检验。检验可采取以下方法:

1. 检查全部焊接口的打印记录。

2. 外观质量自检应100%进行,验收单位应根据施工质量抽取一定比例焊口按表3.2-7要求进行外观检查,数量不应少于焊口数的30%,且每个焊工的焊口数不少于9个。

3. 对于全自动热熔对接的焊口,验收人员应抽取一定数量的焊口割除卷边,按表3.2-7进行外观检查,以检查接口质量。抽查数量不宜少于10%,且每个焊工的抽查数量不少于5个。

聚乙烯燃气管道焊口的质量检验要点　　表 3.2-7

	外观质量检验要求	内部质量检验
热熔对接	1. 检查卷边是否正常均匀,使用卷边测量器测量其宽度应在指定的大小范围内 2. 割除卷边后,检查卷边底部、管道的焊接界面不应有污染物 3. 检查卷边底部的焊接界面不应出现熔合不足而造成的裂缝 4. 将卷边向背后屈曲,不应出现熔合不足而造成的裂缝 5. 检查两端管道在接口上应对准成一直线	必须切开检查,看熔合是否良好,或做拉伸试验,看拉伸强度是否满足要求
电熔连接	1. 检查管件两端管道的整个圆周应有刮削的痕迹 2. 检查熔合过程中的熔解物没有渗出管件 3. 检查管件应处于两边管道定位线的中间 4. 检查熔合指示针(如有装置)已经升起 5. 检查管道与管件已经对准成一直线	

4. 每个工程均应做接口破坏性试验,如果是电熔连接,应抽取3%焊口,建议不少于1个;如果是全自动热熔对接,应抽取5%的焊口,且每个焊工不少于3个。破坏性试验可把焊口切成4条甚至更多,检查内部熔合情况,未完全熔合视为不合格,也可做拉伸试验,看拉伸强度是否满足要求。

5. 接口质量如不合格,应对该焊工的接口进行加倍抽检,再发现不合格,则对该焊工施工的接口全部进行返工。

3.2.10　聚乙烯燃气管道敷设时应注意哪些问题?

【答案】

聚乙烯燃气管道敷设时应注意以下问题:

1. 沟槽开挖应符合设计要求,沟基应平整,填上河砂,不得有石块等尖硬物体,以免划伤 PE 管。沟基与回填土密实度应满足规范要求,回填土不得含有碎石、砖块、垃圾等杂物,不得用冻土回填。管顶上方 400~500mm 左右应敷设寿命不低于 50 年的示踪警示带。

2. 由于 PE 管道易受外力损害,因此应适当埋深一点,远离热力管,并与其他管线保持规范要求的安全间距。PE 燃气管道宜蜿蜒状敷设,并可随地形弯曲敷设,管段上无承插接头时允许弯曲半径应符合表 3.2-8 的规定,管段上有承插接头时弯曲半径不应小于 125D。

管道允许弯曲半径　　　　表 3.2-8

管道外径 D(mm)	允许弯曲半径 R(mm)
$D \leqslant 50$	30D
$50 < D \leqslant 160$	50D
$160 < D \leqslant 250$	75D
$D > 250$	按刚性管处理

3. 应注意穿套管时不得损伤 PE 管,如 PE 管表面受损超过壁厚 10% 则应废除。因为套管是刚性的,有时会影响 PE 管的柔性抵抗外力,而且钢套管焊接连接时会影响里头 PE 管,建议如要长距离加套管时可改用结实沟取代。

4. 采用插入法敷设 PE 管道时,应使用清管设备清除旧管内壁沉积物、锐凸缘和其他杂物,用压缩空气吹净管内杂物,在旧管插入口处加硬度比 PE 管小的漏斗形导滑口,拉动 PE 管的拉力不得大于管材屈服拉伸强度的 50%,PE 管与旧管两端应封堵密实。

5. PE 管道只能采用压缩空气吹扫,并且流速不宜太高,所以管道敷设期间应特别小心避免水或其他杂物进入系统内,一天施工完毕应把管口封好。

3.2.11　三层 PE 夹克钢管安装施工应注意哪些问题?

【答案】

三层 PE 夹克钢管(聚乙烯防腐层钢管)安装施工应注意下列

问题:

1. 外观检查:目视包覆层表面应光滑平整,无暗泡,无麻点和皱褶等缺陷。

2. 搬移管道时,必须轻拿、轻放、摆放整齐,并要采用专用吊具,宜使用宽幅尼龙带或其他适当材料制作的吊环,防止损伤包覆层。

3. 补口

(1) 应使用辐射交联聚乙烯热收缩套对管道之间的对焊焊口进行补口,夹克钢管对口之前先将热收缩套连同内衬膜一起套在管道上并移至焊接工作的部位。

(2) 补口前,应清除焊口部位的焊渣、油污及受热变质的包覆层,修整包覆层端口,使其形成小于45°的斜面,并使钢管呈金属光泽。

(3) 将补口处的钢管进行预热,预热温度为 60~70℃。

(4) 将热收缩套移至补口部位,与包覆层每边搭接不小于100mm,为保证热收缩套与钢管同心,可在热收缩套两端塞入木楔子。加热时,从热收缩套中央开始进行加热,并沿管道直径方向上下移动直至热收缩套中央部位完全收缩贴紧钢管;热收缩套中央完全收缩后,拆除两端木楔子,再加热热收缩套的任一半部分,加热与中央部位一样,到边沿部位应把火焰调弱,一点一点地加热,如有翘起的地方应趁热压平。

(5) 补口的外观应平整、无气泡、无裂纹、无碳化烧焦现象;两边圆周要求有热熔胶溢出来。

(6) 每个补口使用电火花检漏仪检漏,若有针孔,应使用补伤片修补;在补口温度降至常温后,按 1% 的比例抽取补口作剥离强度测试。

(7) 夹克钢管与弯头,大小头等管件的连接处采用牛油胶布和 PVC 外带进行防腐。与三通、法兰等异形管件的连接处应按要求防腐良好,可采用防腐腻子做成光滑过渡面,用牛油胶布和 PVC 外带包扎进行防腐。

4. 包覆层破损点修补，应在破损点两端不小于 100mm 部位沿包覆管环向切割二道，并去除中间的包覆层。

5. 下沟回填

（1）管沟尺寸应符合设计要求，沟底要平整，无碎石、砖块等硬物，并铺垫中性河砂，厚度不小于 100mm。

（2）下沟前，用电火花检漏仪对管线全部进行检漏，并填写检查记录。

（3）下沟时，必须采用专用吊具，严禁使用撬杠或钢丝绳。操作要细心，防止管道撞击沟壁及硬物损伤包覆层。

（4）下沟后，宜用中性河砂回填至管顶以上 0.1m 处再进行二次回填。

3.2.12 常用的埋地燃气管道阀门有哪几种形式？其安装有何要求？

【答案】

各个城市所选用的埋地燃气管道阀门可能各有不同，但大概可以概括为三种：油密封阀（如图 3.2-4 的国产油密封阀）、闸阀（如图 3.2-5 的英国 DONKIN 闸板阀和如图 3.2-6 的德国 FRATEC 闸板阀）、聚乙烯燃气球阀。

图 3.2-4 国产油密封阀

图 3.2-5　英国 DONKIN 闸板阀

图 3.2-6　德国 FRATEC 闸板阀

一些阀门用法兰连接,如国产油密封阀和英国 DONKIN 闸板阀;一些阀门直接焊接连接,如德国 FRATEC 闸板阀;聚乙烯燃气球阀则用电熔连接。有的阀门需设阀门井来操作和维护,如国产油密封阀;而英国 DONKIN 闸板阀、德国 FRATEC 闸板阀和聚乙烯球阀则可以直接埋设于地下,只在阀杆顶部设一小井。

阀门安装时应注意以下事项:

1. 阀门安装前应检查阀芯的开启度和灵活度,并根据需要对阀体进行清洗和上油;阀门安装前还应按规定进行单体强度和严密性试验。

2. 安装有方向性要求的阀门时,阀体上的箭头方向应与燃气流向一致。

3. 法兰或螺纹连接的阀门应在关闭状态下安装,如国产油密封阀和英国 DONKIN 闸板阀;焊接阀门应在打开状态下安装,如德国 FRATEC 闸板阀和聚乙烯球阀。焊接阀门与管道连接焊缝宜采用氩弧焊打底。

4. 吊装绳索应拴在阀体上,严禁拴在手轮、阀杆或转动机构上。

5. 阀门安装时,与阀门连接的法兰应保持平行,其偏差不应大于法兰外径的 1.5‰,且不大于 2mm。严禁强力组装,安装过程中应保证受力均匀,阀门下部应根据设计要求设置承重支撑。

6. 对直埋的阀门,应按设计要求做好阀体、法兰、紧固件及焊口的防腐。

3.2.13 标志桩、标志带、井室施工应注意哪些事项?其安装有何要求?

【答案】

1. 标志桩应准确反映管道的位置及走向,并要求醒目、牢固、易于辨认识别。当标志桩敷设在绿化带内时,须高出地面,当敷设在人行道、车行道时标志桩与路面平齐。

2. 聚乙烯(PE)管道须铺设警示带,警示带应摊平,不应卷折,距管顶的高度不应小于 0.3m。

3. 井室的砌筑目前大多采用钢筋混凝土底板和砖墙结构的砌筑方法。井室应按规定的强度要求和规格尺寸砌筑,要牢固稳定,有一定的操作维护空间和良好的防水性,井室砌筑的一般规定为:

(1) 井室基础应牢固,垫层应符合设计要求。

(2) 井室砌筑要保证灰浆饱满,灰缝平整,抹面压光,不允许有空鼓、裂缝等缺陷。

(3) 整板预制和现浇的配筋、水泥砂浆的强度等级以及试块的强度均应符合设计要求。防水做法应严格按施工工艺进行。

(4) 井体与管道交接处应加套管,不得直接压在管道上,空隙用油麻沥青填密实。

(5) 井底应平顺,坡向集水坑;井体踏步安装应牢固,间隔均匀。

(6) 井框、井盖必须完整无损,安装平稳,位置正确,井盖标高与路面相比允许偏差 5mm。

(7) 井室内空的尺寸允许偏差 20mm。

3.2.14 凝水缸安装施工应注意哪些问题?

【答案】

1. 凝水缸适合安装在非机动车通行处。

2. 排水管与其套管之间、凝水缸与连接管道间宜采用对接焊连接,焊接后应在试压及防腐前对焊缝进行外观检查,合格后对凝水缸与管道的对接焊缝内部质量进行检验,需符合《现场设备、工业管道焊接工程施工及验收规范》(GB 50236—1998)中Ⅲ级焊缝标准,不合格的必须返修,返修后用同样方法进行检验。

3. 当凝水缸设在人行道处,其罩盖面的标高应与地面平齐,设在绿化带内时,罩盖面的标高需高出绿化带 100mm。

4. 抽水管刷防锈漆一道,套管用聚乙烯热收缩套(带)防腐,管道与缸体连接处用防腐腻子做成光滑过渡面,用牛油胶布和 PVC 外带包扎进行防腐,与两端原防腐层搭接宽度不小于 100mm,防腐施工需在焊缝经检验合格后 48h 内完成。

5. 凝水缸安装完毕后,应和管线一起进行强度及气密性试验。

6. 凝水缸及混凝土基础板必须坐落在实土层上,若为虚土层应对虚土进行夯实,面层用 7:3 碎石砂层填实,对有地下水的地方,在碎石砂层下面还需垫不小于 100mm 厚卵石层。

7. 凝水缸安装后,周围 100mm 范围内填干砂至筒体上方 0.1m 高度,其余空间用经过筛选的原土回填并以木夯分层夯实,每层厚度 0.1~0.2m,其密实度不低于 90%,夯实后再安放混凝土固定板及砌筑操作井。

3.2.15 什么是液化石油气瓶组站供气？

【答案】

液化石油气瓶组站由 2 个以上的 50kg 钢瓶组成，当用户无法使用市政管网供应的燃气时，可以采用这种供气方式，即在一个小区域内设置液化石油气瓶组站，液化石油气在瓶组站内经过气化、减压后通过管道输送到用户，使这些远离市政管网的用户同样可以使用上方便、安全的管道燃气。

3.2.16 液化石油气瓶组站的设置地点有什么要求？

【答案】

1. 当瓶组供应系统的气瓶总容积小于 $1m^3$ 时，可将其设置在建筑物附属的瓶组间或专用房间内，并应符合以下要求：

（1）建筑耐火等级应符合现行的国家标准《建筑设计防火规范》GBJ 16 的不低于"二级"设计的规定。

（2）通风良好，并设有直通室外的门。

（3）其他房间相邻的墙应为无门窗洞口的防火墙。

（4）室温不应高于 45℃，并不应低于 0℃。

2. 瓶组供应系统的气瓶总容积超过 $1m^3$ 时，应将其设置在高度不低于 2.2m 的独立瓶组间内。

3. 独立瓶组间与建、构筑物的防火间距不应小于表 3.2-9 的规定。

独立瓶组间与建、构筑物的防火间距(m)　　表 3.2－9

项　目	瓶组间的总容积 (m^3) <2	2~4
明火、散发火花地点	25	30
民用建筑	8	10
重要公共建筑	15	20
道　路	5	5

第三节 管道检验

3.3.1 室外燃气管道检验应注意哪些事项？

【答案】

室外燃气管道检验应注意以下几点：

1. 压力检验：管道的耐压强度和严密性试验结果必须符合设计要求。检验方法是用精密压力表(0.4级)及温度计进行全部实测。

2. 管道的坡度及埋深：管道坡度及埋深必须符合设计要求。检验方法是用仪器测量或检查测量记录。

3. 管道防腐：除锈后可见金属本色，底漆均匀，防腐强度达到设计要求，无破损、皱褶、空鼓、滑移和封口不严等缺陷。检验方法是：用电火花仪检查或切开防腐层检查及现场观察。

4. 管道焊接：管材和型号符合设计要求，平直度、焊缝加强面的质量符合施工规范规定，焊口无损探伤结果符合设计要求，焊波均匀一致，焊缝无结瘤、夹渣和气孔等缺陷。聚乙烯PE管焊接应严格遵守《聚乙烯燃气管道工程技术规范》(CJJ 63—1995)中有关要求进行。

5. 地下燃气管道与其他各类管线的距离要求：按规范要求执行，检验方法是观察和尺量检查。

3.3.2 为什么要进行地下管道测量工作？应注意哪些事项？

【答案】

为了统一城市地下管线探查、测量、图件编绘和信息系统建设的技术要求，及时、准确地为城市规划、设计、施工以及建设和管理提供各种地下管线现状资料，以适应现代化城市建设发展的需要，要求进行地下管道测量工作。

埋地燃气管道的测量一般指放线测量和竣工测量，测量时应注意以下事项：

1. 管位放线测量应依据批准的线路设计施工图和定线条件进行。

2. 在测量过程中，应进行校核测量，包括控制点的校核、图形校核和坐标校核。

3. 新建地下管线竣工测量应在覆土前进行。当不能在覆土前测量时，应在覆土前按规定设置管线点，并将设置的位置准确地引到地面上，做好标记。

4. 新建管线应按实地调查内容的有关规定制定表格如实地逐项填写。

5. 竣工测量采集的数据应符合数据入库的要求。

3.3.3 室外燃气管道吹扫有哪几种方式？吹扫过程应注意哪些事项？

【答案】

室外燃气管道吹扫一般有气体吹扫和清管球清扫两种。球墨铸铁管、聚乙烯管道、钢骨架聚乙烯复合管道和公称直径小于100mm或长度小于100m的钢质管道，可采用气体吹扫。公称直径大于或等于100mm的钢质管道，宜采用清管球吹扫。

1. 气体吹扫应符合下列要求：

(1) 吹扫介质在管内实际流速不宜小于20m/s。

(2) 吹扫时的最高压力不得大于管道的设计压力。

(3) 吹扫口应设在开阔地段并加固，吹扫时应设安全区域，吹扫口严禁站人；吹扫口与地面的夹角应在30°~45°之间，吹扫口管段与被吹扫管段必须采取平缓过渡对焊，吹扫口直径应符合表3.3-1的规定。

吹扫口直径(mm) 表3.3-1

末端管道公称直径 DN	$DN<150$	$150 \leqslant DN \leqslant 300$	$DN \geqslant 350$
吹扫口公称直径	与管道同径	150	250

(4) 每次吹扫管道的长度不宜超过 500m；当管道长度超过 500m 时,宜分段吹扫。

(5) 吹扫顺序应从大管到小管,从主管到支管。

(6) 吹扫管段内的调压器、阀门、孔板、过滤网、燃气表等设备不应参与吹扫,待吹扫合格后再安装复位。

(7) 当目测排气无烟尘时,应在排气口设置白布或涂白漆木靶板检验,5min 内靶上无铁锈、尘土等其他杂物为合格。

2. 清管球清扫应符合下列要求：

(1) 长度超过 500m 宜分段清扫。长度较长和管径较大的管道在通球时,管道沿线的一些部位,如急弯、陡坡立管等处,应设监听点,监听球通过的情况,若发生卡球事故时,也便于分析判断卡球后球所处的位置。监听的内容主要是听球是否通过了该点及通过该点的时间,口径较小和距离较短的管道不必设监听点,但必须注意观察通球情况。

(2) 放球时应注意检查清管球的密封状态,即清管球是否进入清扫管端,并处于卡紧密封状态。否则需用木杆等工具将球顶紧后才能装盲板灌气发球。

(3) 收球装置的排气管安装必须牢固,并接往开阔地方排放。

(4) 必须做好通球的有关记录,作为工程原始资料。

(5) 通球管道直径必须是同一规格,不能有变径管。

(6) 管道弯头必须采用光滑弯头（机制弯头）,不能使用焊接弯头。

(7) 管道支管应在主管整段清扫合格后,采用机制三通管件开口接驳。

(8) 阀门与凝水器必须在通球清扫干净后方可安装。

(9) 清管球清扫次数至少为两次,清扫完后目测排气无烟尘时,应在排气口设置白布或涂白漆木靶板检验,5min 内靶上无铁锈、尘土等其他杂物为合格。

3.3.4 如何进行燃气管道压力试验？

【答案】

1. 强度试验

(1) 管道应分段进行压力试验,试验管道分段最大长度宜按表 3.3-2 执行。

管道试压分段最大长度　　　　　表 3.3-2

设计压力 PN(MPa)	试验管段最大长度(m)
PN≤0.4	1000
0.4 < PN≤1.6	5000
1.6 < PN≤4.0	10000

(2) 管道试验用压力表及温度记录仪表均不应少于两块,并分别安装在试验管段两端;试验用压力表的量程应为试验压力的 1.5～2 倍,其精度应满足设计要求,并在校验有效期内。

(3) 进行强度试验时,压力应逐步缓升,首先升至试验压力的 50%,进行初检,如无泄漏、异常,继续升压至试验压力,然后宜稳压 1h 后,观察压力表不少于 30min,无压力降为合格。

2. 严密性试验

(1) 严密性试验应在强度试验合格、管线全线回填后进行。

(2) 试验用压力表的量程应为试验压力的 1.5～2 倍,其精度应满足设计要求,并在校验有效期内。

(3) 严密性试验介质宜采用空气,当设计压力小于 5kPa 时,试验压力应为 20kPa;当设计压力大于或等于 5kPa 时,试验压力应为设计压力的 1.15 倍,且不得少于 0.1MPa。

(4) 严密性试验稳压的持续时间应为 24h,每小时记录不应少于 1 次,当修正压力降小于 133Pa 为合格。修正压力降应按下式确定:

$$\Delta P' = (H_1 + B_1) - (H_2 + B_2)(273 + t_1)/(273 + t_2)$$

式中　$\Delta P'$——修正压力降(Pa);
　　H_1、H_2——试验开始时和结束时压力计读数(Pa);
　　B_1、B_2——试验开始时和结束时气压计读数(Pa);
　　t_1、t_2——试验开始时和结束时管内介质温度(℃)。

第四节　新技术、新工艺、新材料

3.4.1　钢骨架聚乙烯复合管道有什么性能特点?

【答案】

1. 钢骨架聚乙烯复合管道的抗蠕变能力和破坏强度远远高于同尺寸的纯塑料管。

2. 由于环形钢丝网的存在,复合管径向承受负载能力大大提高,从而改善了钢骨架聚乙烯复合管道管壁部分的抗快速开裂、抗环境应力开裂性能。钢骨架聚乙烯复合管道具有优异的抗快速开裂性能。

3. 由于孔网钢骨架的加强作用,钢骨架聚乙烯复合管道的刚性、耐冲击性及尺寸稳定性优于任何一种塑料管材,同时网状钢骨架本身的结构特征,又使复合管在轴向保留了适度的柔性,因此该管道具有刚柔并济的特点。

4. 由于钢骨架聚乙烯复合管道中金属网的存在,决定了其具有先天的可示踪性,不必另外埋设跟踪或保护标记。

5. 钢骨架聚乙烯复合管道选用的是高密度聚乙烯,是一种结晶性非极性材料,化学性质非常稳定,耐多种化学介质的侵蚀,无电化学腐蚀。

6. 钢骨架聚乙烯复合管道采用内定型工艺,其内表面比钢管内壁更光滑,绝对粗糙度为 0.01mm,而钢管内表面的绝对粗糙度为 0.2mm,同等条件下的输送量比钢管高 30% 左右,同时管材内壁光滑耐磨,输送阻力小,不结垢,不结蜡,长期运行节能效果明显。

7. 钢骨架聚乙烯复合管道须采用电熔连接或法兰连接,不像聚乙烯管道可以采用热熔对接,因此造价相对比较高,这也是目前比较难普及推广钢骨架聚乙烯复合管道的原因之一。

第四章 燃气燃烧器具的安装

第一节 基本概念

4.1.1 燃气燃烧器具分为哪几类？

【答案】

燃气燃烧器具(简称燃具)分为燃气热水器具、燃气开水器具、燃气灶具、燃气烘烤器具、燃气取暖器具和燃气制冷器具。

4.1.2 燃气热水器分为几种？如何由型号标示判别？

【答案】

燃气热水器分为家用燃气快速热水器和燃气容积式热水器。

1. 家用燃气快速热水器

(1) 家用燃气快速热水器可根据使用燃气种类、安装位置及给排气方式、用途、供暖热水系统结构形式方式进行分类。

1) 按使用燃气的种类可分为：人工煤气热水器、天然气热水器、液化石油气热水器。各种燃气的分类代号和额定供气压力见表 4.1-1。

按燃气介质分类　　　　　　　　　　表 4.1-1

燃气种类	代号	燃气额定供气压力(Pa)
人工煤气	5R、6R、7R	1000
天然气	4T、6T	1000
	10T、12T、13T	2000
液化石油气	19Y、20Y、22Y	2800

2) 按安装位置或给排气方式分类见表4.1-2。

按安装位置或给排气方式分类　　　　表4.1-2

名 称		分类内容	简称	代号
室内型	自然排气式	燃烧时所需空气取自室内,用排气管在自然抽力作用下将烟气排至室外	烟道式	D
	强制排气式	燃烧时所需空气取自室内,用排气管在风机作用下强制将烟气排至室外	强排式	Q
	自然给排气式	将给排气管接到室外,利用自然抽力进行给排气	平衡式	P
	强制给排气式	将给排气管接到室外,利用风机强制进行给排气	强制平衡式	G
室外型		只可以安装在室外的热水器	室外型	W

3) 按用途分类见表4.1-3。

按用途分类　　　　表4.1-3

类 别	用 途	代 号
供热水型	仅用于供热水	JS
供暖型	仅用于供暖	JN
两用型	供热水和供暖两用	JL

4) 按供暖热水系统结构形式分类见表4.1-4。

按供暖热水系统结构形式方式分类　　　　表4.1-4

循环方式	分 类 内 容	代 号
开放式	热水器供暖循环通路与大气相通	K
密闭式	热水器供暖循环通路与大气隔绝	B

(2) 型号编制:

代号	安装位置或给排气方式	主要参数	特征序号

1）代号

JS——表示用于供热水的热水器；

JN——表示用于供暖的热水器；

JL——表示用于供热和供暖的热水器。

2）安装位置或给排气方式

D——自然排气式；

Q——强制排气式；

P——自然给排气式；

G——强制给排气式；

W——室外型。

3）主要参数采用额定热负荷（kW）取整后的阿拉伯数字表示。两用型热水器若采用两套独立燃烧系统并可同时运行，额定热负荷用两套系统热负荷相加值表示；不可同时运行，则采用最大热负荷表示。

4）特征序号由制造厂自行编制，位数不限。例子如下：

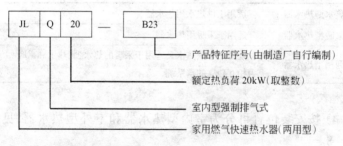

2. 燃气容积式热水器

（1）燃气容积式热水器可按热水器结构、使用燃气种类、使用功能、安装位置、给排气方式进行分类。

1）按热水器结构可分为：封闭式热水器、敞开式热水器，见表4.1-5。

2）按使用燃气种类可分为：液化石油气热水器、天然气气热水器和人工煤气热水器，见表4.1-6。

3）按使用功能可分为：热水型热水器、采暖型热水器和两用型热水器,见表4.1-7。

按结构形式分类　　　　　　　　　表4.1-5

名称	分类内容	代号
封闭式热水器	热水器储水容器没有设置永久性通往大气的孔的热水器	B
敞开式热水器	热水器储水容器必须设置永久性通往大气的孔的热水器	K

按使用燃气种类分类　　　　　　　表4.1-6

名称	分类内容	额定燃气压力(Pa)	代号
液化石油气热水器	适用于液化石油气的热水器	2800	Y
天然气热水器	适用于天然气的热水器	2000	T
人工煤气热水器	适用于人工煤气的热水器	1000	R

按使用功能分类　　　　　　　　　表4.1-7

名称	分类内容
热水型热水器	适用于供热水用热水器
采暖型热水器	适用于采暖用热水器
两用型热水器	既适用于供热水又适用于采暖的热水器,热水和采暖为相互独立的水系统

4) 按安装位置可分为室内型热水器和室外型热水器,见表4.1-8。

按安装位置分类　　　　　　　　　表4.1-8

名称	分类内容	代号
室内型热水器	适用于室内安装的热水器	N
室外型热水器	适用于室外安装的热水器	W

5) 室内型热水器按给排气方式可分为自然排气式热水器和强制给排气式热水器,见表4.1-9。

室内型按给排气方式分类   表 4.1-9

名 称		分 类 内 容	代号
自然排气式	烟道自然排气式	燃烧用空气取自室内,产生的烟气靠自然抽力排至室外	D
	平衡自然排气式	燃烧用空气取自室外,产生的烟气靠自然抽力排至室外	P
强制给排气式	烟道强制排气式	燃烧用空气取自室内,产生的烟气用风机排至室外	DQ
	平衡强制给排气式	燃烧用空气用风机取自室外,产生的烟气排至室外。或者是燃烧的空气取自室外,产生的烟气用风机排至室外	PQ

(2) 容积式热水器的型号

1) 型号编制：

| 代号 | 燃气种类 | 给排气方式 | 额定容积 | — | 安装位置 | 改进序号 |

2) 额定容积用 3 位数字表示,单位为 L,不足 3 位的前面用 0 补充,不可空缺。

3) 热水器产品改型序号用英文字母 A、B、C、D……表示：

　　A——第一次改型；

　　B——第二次改型；

　　……以此类推。

4) 举例:液化石油气烟道自然排气式额定容量为 80L 户外安装第一次改型的燃气容积式热水器用以下方式表示。

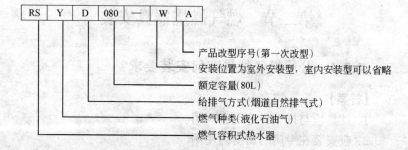

71

4.1.3 家用燃气灶具如何分类？

【答案】

1. 家用燃气灶具可按燃烧燃气的种类、火眼数量、功能、结构形式和烘烤方式分类。

2. 按燃气的种类可分为：人工燃气灶、天然气灶和液化石油气灶。灶具前的燃气额定压力见表4.1-10。

灶具前的燃气额定压力　　　　　表4.1-10

燃气类别	额定燃气压力(Pa)
5R、6R、7R、4T、6T	1000
10T、12T、13T	2000
19Y、20Y、22Y	2800

3. 按火眼可分为：单眼灶、双眼灶和多眼灶。
4. 按功能可分为：灶、烘烤器、烤箱、烤箱灶和饭锅。
5. 按结构形式可分为：台式、落地式。
6. 按烘烤方式可分为：直接式、半直接式和间接式。

4.1.4 公用燃气灶具分为几种？

【答案】

公用燃气灶具一般有中餐燃气炒菜灶、炊用燃气大锅灶、中式燃气蒸炉、中式燃气蒸柜、矮仔炉等。

第二节　燃气燃烧器具安装

4.2.1 公用燃气灶具有何安装要求？

【答案】

1. 灶具应与排烟设施配套选用。
2. 应安装在专门的厨房内使用。

3．下列房间和部位严禁安装灶具：
(1) 居民楼地下室；
(2) 楼梯和安全出口 5m 之内；
(3) 易燃、易爆物品的堆存处；
(4) 有腐蚀性介质的房间；
(5) 电线电器设备处。
4．安装处所的条件应满足以下要求：
(1) 通风换气每 1kW 排风量大于 $30.7m^3/h$；
(2) 供水压力不大于 0.4MPa；
(3) 供燃气类型及压力与所安装灶具的型号相符合；
(4) 供电电压及频率与所安装灶具用电部件的要求相符合；
(5) 防火、隔热及其他安全条件符合消防安全的有关规定。
5．管道连接
(1) 灶具宜采用防腐耐油的金属柔性管连接。
(2) 灶具连接的供气、供水支管上必须设置独立的且方便操作的阀门。

4.2.2 家用燃气燃烧器具的安装应符合哪些标准或规程要求？

【答案】

家用燃气燃烧器具的安装应符合《燃气燃烧器具安全技术条件》(GB 16914—2003)、《家用燃气燃烧器具安全管理规程》(GB 17905—1999)和《家用燃气燃烧器具安装及验收规程》(CJJ 12—1999)中的有关要求。

4.2.3 家用燃气热水器的排气烟道有何安装要求？

【答案】

1．安装在浴室内的燃气热水器必须是密闭式，即自然给排气式或强制给排气式。
2．排气管、风帽、给排气管等应是独立产品，其性能应符合相应标准的规定。

3. 排气管、给排气管上严禁安装挡板。

4. 半密闭自然排气式热水器严禁共用一个排气管。

5. 排烟口与周围建筑物开口的距离应符合表 4.2-1 的规定（图 4.2-1~图 4.2-6）。在表 4.2-1 规定距离的建筑物墙面投影范围内，不应有烟气可能流入的开口部位，但距排烟口距离大于 600mm 的部位除外。

排烟口与周围建筑开口的距离（mm）　　表 4.2-1

吹出方向 \ 隔离方向		上方	侧方	下方	前方
向下吹		300	150	600	150
垂直吹 360°		600	150	150	150
斜吹 360°		600	150	150	300
斜吹向下		300	150	300	300
水平吹	前方	300	150	150	600
	侧方	300	吹出侧 600 其他 150	150	150
水平吹 360°		300	300	150	300

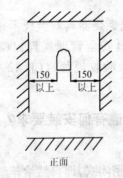

正面

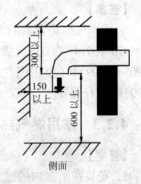

侧面

图 4.2-1　向下吹

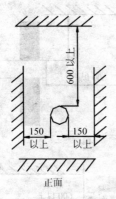
正面

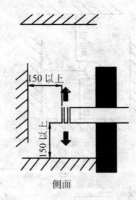
侧面

图 4.2-2　垂直吹 360°

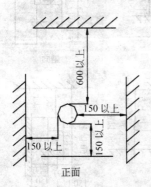
正面

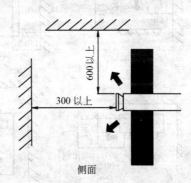
侧面

图 4.2-3　斜吹 360°

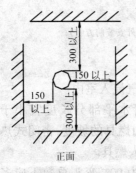
正面

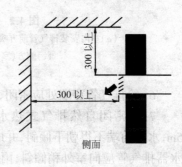
侧面

图 4.2-4　斜吹向下

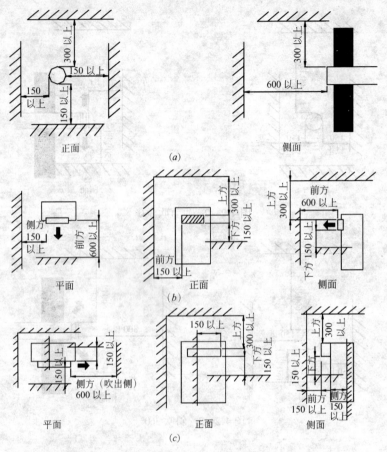

图 4.2-5 水平吹
(a)室内安装排气管前方吹；(b)前方(室外安装前方吹)；
(c)侧方(室外安装侧方吹)

6. 给排气管穿墙处应密闭，不得使烟气流入室内。

7. 半密闭自然排气式热水器排气管水平部分长度宜小于5m，水平前端不得朝下倾斜，并应有稍坡向燃具的坡度；密闭式热水器排气管应向室外稍倾斜，雨水不得进入燃具。

8. 半密闭式热水器排气管的弯头宜为90°，弯头总数不应多于4个。

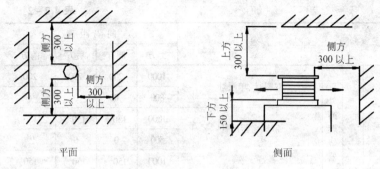

图 4.2-6 水平吹 360°

9. 密闭式热水器排气风帽上方有突起物或屋檐时，风帽与之距离应大于 250mm；檐下垂时，风帽距垂檐距离应大于 100mm。

4.2.4 燃具的安装间距及防火应注意什么？

【答案】

1. 燃具和排气筒与周围建筑和设备之间应有相应的防火安全间距。

2. 安装燃具的部位应是由不可燃材料建造。

3. 当安装燃具的部位是可燃材料或难燃材料时，应采用金属防热板隔热，防热板与墙面距离应大于 10mm。

4. 除特殊设计的组合式燃具外，对以可燃材料、难燃材料装修的部位不应采用镶入式安装形式。

5. 燃具与以可燃材料、难燃材料装修的建筑物间的距离不得小于表 4.2-2 中的数值，并应符合下列要求（表中半括号前数字与下列规定的项序号相对应）：

(1) 烹调燃具

1) 多用灶具（如带烘烤器的燃具）应按最大距离安装。

2) 侧方、后方距离，当燃具经温升试验证明是安全时，可以靠接。

燃具与可燃材料、难燃材料装修的建筑物部位的最小距离(mm)

表 4.2-2

种类				间隔距离			
				上方	侧方	后方	前方
直排式	1)烹调用燃具	外露燃烧器	双眼灶、单眼灶	1000	200	200	200
				800	0	0	11)
			带烘烤器的灶	1000	150[2)]	150[2)]	150
				800	0	0	11)
			落地式烤箱灶	1000	150[2)]	150[2)]	150
				800	0	0	11)
			台式烤箱	1000	150	150	150
				800	0	0	11)
		内藏燃烧器	间接式烤箱 无烟罩	500	45	45	45
				300	45	45	11)
			间接式烤箱 有烟罩	150[10)]	45	45	45
				100[10)]	45	45	11)
			燃气饭锅(<4L)	300	100	100	100
				150	45	45	
	热水器		无烟罩	400	45	45	45
				300	45	45	11)
			有烟罩	150[10)]	45	45	45
				100[10)]	45	45	11)
	采暖器	外露燃烧器	单向辐射式	1000	300	45	1000
				800	150	45	800
			多向辐射式	1000	1000	1000	1000
				800	800	800	800
			壁挂式、吊挂式	300	600	45	1000
				150	150	45	800

续表

种类				间隔距离			
				上方	侧方	后方	前方
直排式	采暖器	内藏燃烧器	自然对流式	1000	45	45	45[3]
				800	45	45	45[3]
			强制对流式	45	45	45	600[4]
				45	45	45	[4]
	衣服干燥机			150	45	45	45
				150	45	45	[11]
半密闭式	热水器	热流量11.6kW以下		[6]	45	45	45
				[6]	45	45	[11]
		热流量11.6~69.8kW		[6]	150	150	150
				[6]	45	45	[11]
	浴槽水加热器	浴室外设置	燃烧器不能取出 外加热器(浴盆外加热)	[6]	150	150	150
				[6]	45	45	[11]
			燃烧器可以取出 内加热器(浴盆内加热)	[6]	150	150	600
				[6]	45	45	[11]
			燃烧器可以取出 热水管穿过可燃性墙体	[6]	150	[9]	600
				[6]	[9]	[9]	[11]
	采暖器	内藏燃烧器	自然对流式	600	45[5]	45[5]	45[5]
				600	45[5]	45[5]	45[5]
			强制对流式	45	45[5]	45[5]	600[4]
				45	45[5]	45[5]	600[4]
密闭式	热水器	快速式	台式	[9]	0	0	[9]
				[9]	0	0	[9]
			固定悬挂式	45	45	45	45
				45	45	45	[11]
		容积式		45	45	45	45
				45	45	45	[11]

79

续表

种类			间隔距离			
			上方	侧方	后方	前方
半密闭式	浴槽水加热器		9)	20 7)	20	45
			9)	7)	20	11)
	采暖器	内藏燃烧器 自然对流式	600	45	45	45 3)
			600	45	45	45 3)
		内藏燃烧器 强制对流式	45	45	45	600 4)
			45	45	45	600 4)
室外用	自然排气	热水器 无烟罩	600	150	150	150
			300	45	45	11)
		热水器 有烟罩	150 10)	150	150	150
			100 10)	45	45	11)
		浴槽水加热器	600	150	150	150
			300	45	45	11)
	强制排气	热水器、浴槽水加热器	150	150	150	150
			45	45	45	45

注：间隔距离栏中，上格中的数值为未带防热板时燃具与建筑物间的距离，下格中的数值为带防热板时燃具与防热板的距离。

(2) 采暖器

3) 在暖风吹出方向，间隔距离应大于 600mm。

4) 在暖风吹出方向，间隔距离应大于 600mm；向不同方向吹风时，吹出方向间隔距离均应大于 600mm，不吹风方向，间隔距离应大于 45mm。

5) 表示与采暖器的距离，接排气筒时应考虑与排气筒的距离。

(3) 热水器、浴槽水加热器

6) 装有排气筒时，可不规定上方距离，排气筒与周围的距离应符合表 4.2-4 的规定。

7) 与浴槽的距离可取零,与合成树脂浴槽的距离应大于20mm。

8) 与燃具外壳、排烟口的距离,应按规定确定。

9) 与燃具的距离应按燃具结构和使用状态确定。

10) 与烟罩上方的距离。

(4) 通用要求

11) 正常使用时,即使有防热板,也应有便于使用的距离。

6. 燃具与可燃材料、难燃材料建造但以不可燃材料装修的建筑物间的距离,不应小于表4.2-2中间隔距离一栏下格的规定。

以不可燃材料装修的建筑物与燃具的距离,当采用表4.2-2下格的规定有困难时,也可按下面规定采用:

1) 内藏燃烧器的燃具,除排气口外,其他侧方、后方距离应大于20mm,上方应大于100mm。

2) 密闭式燃具在检查方便时,燃具侧方、后方可接触建筑物安装。

7. 家用燃气灶具与抽油烟机除油装置的距离可按表4.2-3的规定采用。

家用燃气灶具与抽油烟机除油装置的距离(mm)　　表4.2-3

家用燃气灶具 \ 除油装置	抽油烟机风扇[2]油过滤器	其他部位
家用燃气烹调灶具	800以上	1000以上
带油过热保护的灶具[1]	600以上[3]	800以上

注:1. 带油过热保护,并经防火性能认证的灶具;
　　2. 风量小于$15m^3/min(900m^3/h)$;
　　3. 限每户单独使用的排油烟管。

8. 排气筒、排气管、给排气管与可燃材料、难燃材料装修的建筑物的安装距离应符合表4.2-4的规定。

9. 装于棚顶等隐蔽部位的排气筒、排气管、给排气管,连接处不得漏气,连接应牢固,同时应覆盖不可燃材料的保护层,并应设置检查口和通风口。

安装距离(mm) 表 4.2-4

烟气温度	260℃及其以上	260℃以下	
部位	排气筒、排气管		给排气管
开放部位 无隔热	150mm 以上	$D/2$ 以上	0mm 以上
开放部位 有隔热	有 100mm 以上隔热层，取 0mm 以上安装	有 20mm 以上隔热层，取 0mm 以上安装	—
隐蔽部位	有 100mm 以上隔热层，取 0mm 以上安装	有 20mm 以上隔热层，取 0mm 以上安装	20mm 以上
穿越部位措施	应有下述措施之一： (1) 150mm 以上的空间 (2) 150mm 以上的铁制保护板 (3) 100mm 以上的非金属不燃材料保护板(混凝土制)	应有下述措施之一： (1) $D/2$ 以上的空间 (2) $D/2$ 以上的铁制保护板 (3) 20mm 以上的非金属不燃材料卷制或缠绕	0mm 以上

注：D 为排气筒直径。

10．半密闭自然排气式燃具的排气筒风帽与屋顶、屋檐间的相互位置应符合下列要求：

1）排气筒伸出屋顶到风帽间的垂直高度必须大于 600mm；

2）当排气筒水平方向 1m 范围内有建筑物，而且该建筑物有屋檐时，排气筒的高度必须高出该建筑物屋檐 600mm 以上。

11．风帽排气出口与以可燃材料、难燃材料装修的建筑物的距离应大于表 4.2-5 的规定(图 4.2-7～图 4.2-11)。

风帽排气出口与可燃材料、难燃材料装修的建筑物的距离(mm)

表 4.2-5

隔离方向 吹出方向	上方	侧方	下方	前方
向下吹	300	150	600(300)	150
垂直吹 360°	600(300)	150	150	150

续表

吹出方向＼隔离方向	上方	侧方	下方	前方
斜吹 360°	600(300)	150	150	300
斜吹向下	300	150	300	300
水平吹	300	150	150	600(300)

注：( )内为有防热板的距离。

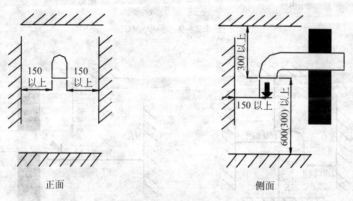

图 4.2-7 向下吹

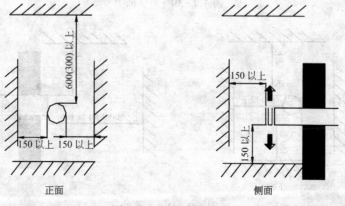

图 4.2-8 垂直吹 360°

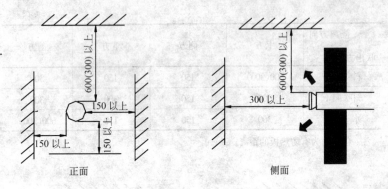

图 4.2-9 斜吹 360°

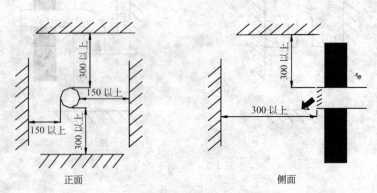

图 4.2-10 斜吹向下

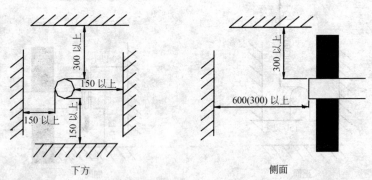

图 4.2-11 水平吹

12. 室外燃具排气出口周围的以可燃材料、难燃材料装修的建筑物,应采取有效的隔热防护,并应符合下列要求:

1) 室外自然排气式燃具的排气出口与周围距离应大于表4.2-6的规定(烟气温度260℃及其以下)。

排气出口与周围的距离(mm)　　　　　表4.2-6

设置方法＼隔离方向	上方	侧方	后方	前方
带烟罩	150(100)	150	150	150
不带烟罩	600(300)	150	150	150

注:( )内是有以不可燃材料装修或有防热板时的距离。

2) 室外强制排气式燃具的排气出口与周围距离应大于表4.2-7的规定(烟气温度260℃及其以下)(图4.2-12~图4.2-13及图4.2-7~图4.2-8)。

排气出口与周围的距离(mm)　　　　　表4.2-7

吹出方向＼隔离方向		上方	侧方	下方	前方
水平吹	前方	300	150	150	600(300)
	侧方	300	吹出侧600(300) 其他侧150	150	150
水平360°吹		300	300	150	300
垂直吹360°		600(300)	150	150	150
向下吹		300	150	600(300)	150

注:( )内是以不可燃材料装修或有防热板时的距离。

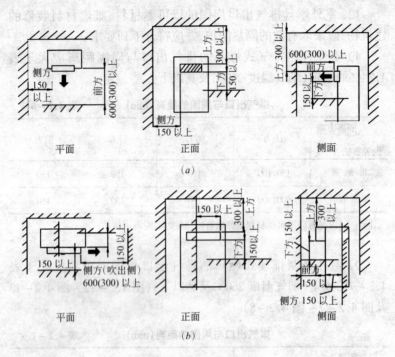

图 4.2-12 水平吹
(a)前方；(b)侧方

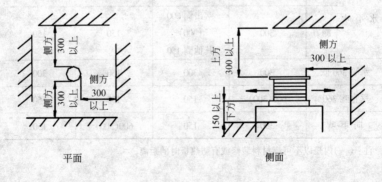

图 4.2-13 水平吹 360°

第三节 燃气空调

4.3.1 燃气空调是如何工作的？

【答案】

燃气空调是以燃气为能源,以水为制冷剂,溴化锂(LiBr)为吸收剂,利用吸收式制冷、温水机组向建筑物室内供热、供冷,从而进行温度调节。制冷原理如图 4.3-1 所示:冷剂在蒸发器内蒸发从而制出冷水,蒸发了的冷剂蒸汽被吸收器里的浓溶液吸收,吸收了冷剂蒸汽而变稀的溶液(稀溶液)由溶液泵经过热交换器送入高温发生器和低温发生器,稀溶液在高温发生器内由燃烧器加热成为浓溶液,高温发生器产生的冷剂蒸汽进入低温发生器,低温发生器内的溶液被加热成为中间浓度溶液,浓溶液经过高温热交换器与中间浓度溶液汇合,经过低温热交换器进入吸收器,吸收从蒸发器中产生的冷剂蒸汽,低温发生器产生的冷剂蒸汽在冷凝器内被冷却水冷却,凝缩成冷剂水后返回蒸发器。

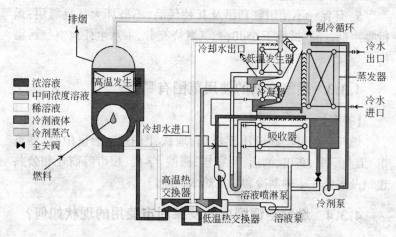

图 4.3-1 燃气空调制冷原理

4.3.2 燃气空调有什么优点？

【答案】

1. 经济。如果使用天然气为能源的燃气空调，运行期能耗费用比电空调低 15% 左右。燃气空调依靠热交换器交换热量达到制冷、制热目的，没有机械磨损，而电空调依靠电力驱动机械部件高速运转达到空调效果，机械磨损大，因而燃气空调的运行维护费用远比电空调低。使用寿命电空调一般为 15 年，而燃气空调一般超过 20 年。

2. 优化能源结构。使用燃气空调可平衡整个城市的能源结构，削减城市夏季电力高峰，同时填补夏季燃气使用低谷，减少城市调峰电厂及调峰电网的投资，保证城市电网安全。

3. 安全可靠。以水为制冷剂，无毒无害，为环保型绿色空调；机内始终保持负压状态，无泄漏危险；真空状态下运行，无爆炸危险；机械运动部件少，运行稳定性高。

4. 可同时供应冷气和卫生热水，能源综合效益高。

5. 环保。不使用氟利昂及其替代品，不破坏大气臭氧层；运行噪声低，经测试低于 65dB；燃气燃烧充分，不产生任何空气污染物。

4.3.3 燃气空调的使用范围有哪些？

【答案】

燃气空调可广泛应用于机场、地铁、图书馆、会议中心、展览馆、工业厂房、宾馆、酒店、写字楼、医院、学校、超市等商业和公共建筑及居民住宅的制冷和卫生热水供应。

4.3.4 燃气空调国内外及深圳市使用的现状如何？

【答案】

日本、韩国等国燃气空调负荷占中央空调总负荷 80% 以上。北京中华世纪坛、韩国地铁、北京首都机场、纽约国际机场、东京羽田机场、上海宝钢、上海华亭宾馆、北京家乐福超市、深圳北大方正科技园、深圳新天国际名苑住宅楼等国内外大型建筑皆使用燃气空调。

4.3.5 什么是冷热电三联供？

【答案】

传统的能源供应主要着眼于单独的设备,例如集中供热、直燃式中央空调及发电设备,这些设备只能满足人们单一的需要,能耗很高,也许在忽视环境影响和能源价格不合理的情况下还具有一定经济效益,但是,从现代科技角度来看,这些设备都没有实现有限能源资源的高效和综合利用。而冷、热、电三联供技术,则可以实现供电、供热、供冷三位一体,从而大大提高能源利用效率,减少有害气体排放。据有关专家估算,冷热电三联供,相对于单独供能,能源利用率可提高 30%~50%。

第五章 燃气监控系统的安装

第一节 基本概念

5.1.1 什么是燃气监控系统？

【答案】

燃气监控系统的全称是远程燃气智能安全监控与数据采集系统，是一个应用于智能化住宅的能够实现燃气远程数据采集、燃气泄漏报警及燃气阀门自动关闭、燃气阀门远程控制等功能的计算机网络系统。

5.1.2 燃气监控系统一般有哪些基本组成结构？

【答案】

燃气监控系统一般由 I/O 设备、智能终端(采集器)、管理微机等组成，另外系统还有一些如 UPS 集中供电电源、交换器、中继器、集线器等辅助设备，见图 5.1-1。

1. I/O 设备

I/O 设备是指燃气监控系统的末端设备，主要完成原始计量信号和报警信号的采集、传输等功能。

(1) 脉冲燃气表

脉冲燃气表是指能够记录、积累、显示燃气流量，并输出与燃气流量成比例的脉冲信号。

(2) 燃气报警器

燃气报警器是指安装在户内适当位置，完成燃气泄露检测和报警输出功能的设备。

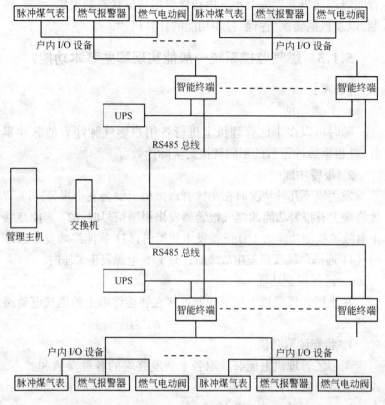

图 5.1-1 燃气监控系统

(3) 燃气电动阀

燃气电动阀是指安装在燃气管道上,与智能终端、燃气报警器配合实现燃气开关控制的设备,燃气电动阀必须通过国家级防爆产品认证。

2. 智能终端

智能终端是指能够对 I/O 设备发出的各种信号进行处理、存储并且能够与管理微机进行交互通讯的专用设备。

3. 管理微机

管理微机是指在小区管理中心,安装有燃气监控软件,能够与智能终端通讯并完成全小区内智能终端数据状态的采集、处理、控制,以及数据转换、存储、打印功能的计算机。

5.1.3 燃气监控系统一般能实现哪些基本功能?

【答案】
1. 抄表功能

随时可以在小区管理机上进行各用户燃气脉冲表的脉冲累计,并根据脉冲常数的不同转换为实际读数。

2. 报警功能

发生以下几种情况时在小区管理微机上要会发生报警:(1)智能终端上有报警功能的燃气报警器发出报警信号时;(2)智能终端上有故障检测功能的I/O设备发生故障时;(3)智能终端发生故障时;(4)通讯总线线路发生故障时;(5)UPS电源发生欠压时。

3. 远程控制功能

在小区管理微机上能够控制连接在智能终端上的燃气电动阀的开关。

4. 状态读取功能

在小区管理机上能够读取各个智能终端的各种参数和状态,以备调试维修和管理。

5. 市电掉电正常工作功能

在市电掉电时,集中供电的UPS电源能够保证智能终端在一定时间内的正常工作。

6. 防爆功能

智能终端与脉冲燃气表或燃气用电动阀门相连时为本安型防爆电器的关联设备,防爆标志为(ib)IIBT3。

第二节 燃气监控系统的安装

5.2.1 燃气监控系统工程设计的基本要求是什么?

【答案】

1. 燃气监控系统工程设计应符合《民用建筑电气设计规范》(JGJ/T 16—1992)的要求。

2. 燃气监控系统设计应考虑实现以下基本功能:燃气泄漏报警及阀门的自动关闭、燃气阀门开关的远程控制、燃气表读数的远程抄录。

3. 燃气监控系统工程设计前应具备以下资料:
(1) 工程设计的功能要求。
(2) 建筑物建筑平面图。
(3) 各相关专业(水施、电施、气施)图纸。

4. 原则上所有线路设计应在建筑物内部,高层建筑物传输干线应在弱电竖井内。

对绞电缆与电力电缆最小净距应符合表 5.2-1 的规定,与其他管线最小净距应符合表 5.2-2 的规定。

对绞电缆与动力线最小净距　　　表 5.2-1

条件 \ 电压范围	<2kV 直流 (<380V 交流)	2~5kV 直流 (<380V 交流)	>5kV 直流 (<380V 交流)
对绞电缆与电力线平行敷设	130mm	300mm	600mm
有一方在接地的槽道或钢管中	70mm	150mm	300mm
双方均在接地的槽道或钢管中	*	80mm	150mm

*注:双方都在接地的槽道或钢管中,且平行长度小于 10m 时,最小间距可为 10mm。表中对绞电缆如采用屏蔽电缆时,最小间距可适当减少。

对绞电缆与其他管线最小净距　　　表 5.2-2

管线种类	平行净距(m)	垂直交叉净距(m)
避雷引下线	1.00	0.30
保护地线	0.05	0.02
热力管(不包封)	0.50	0.50
热力管(包封)	0.30	0.30

续表

管线种类	平行净距(m)	垂直交叉净距(m)
给水管	0.15	0.02
煤气管	0.30	0.02

5.2.2 燃气监控系统的设备安装有哪些要求？

【答案】

1. 设备安装前应做如下检查，并应符合下列要求：

(1) 设备包装及密封良好，设备型号、规格符合设计要求，设备无损伤，附件、备件齐全，仔细检查对房门编号与设备号是否相符。

(2) 设备外观检查合格，技术文件齐全。

2. 设备安装前建筑工程应具备下列条件：

(1) 屋顶、楼板施工完毕，且不渗漏。

(2) 门窗安装完毕，所有装饰工作完毕，且房门、弱电井门已上锁。

3. 设备安装应牢固，封闭良好，按图位置安装，安装处环境应干燥、阴凉，避免阳光直射和雨水侵蚀。位置便于检查，排列整齐，做到目测时横平竖直。

5.2.3 燃气监控系统的管线设计有哪些要求？

【答案】

线路敷设方式：系统总线主要敷设于建筑物间，室外一般可采用电缆 Cat3 UTP 或 Cat5 UTP 穿钢管护套埋地敷设，埋深应不低于 0.5m。线路较长时(大于 100m)，为便于施工，应设立观察井。地下电缆严禁使用普通接线端子直接在 PVC 管中连接，如电缆需要端接，应在观察井中连接，连接处应做防水处理。如小区有弱电沟，系统总线可敷设于弱电沟内。室内布线可采用 Cat3 UTP 或 Cat5 UTP(使用其中任意 2 对)，敷设方式可采用穿钢管或阻燃硬质PVC管明敷或暗敷。

I/O设备与智能终端连接使用电缆规格见表5.2-3。

I/O设备与智能终端连接使用电缆规格一览表　　表5.2-3

规格	使用位置	备注
HBVV-2×0.5	燃气表(2线输出)、燃气泄露报警器与智能终端的连线	距离超过20m时,可采用Cat3 UTP电缆(50m以内)
HBVV-3×0.5	燃气表(3线输出)与智能终端的连线	距离超过20m时,可采用Cat3 UTP电缆(50m以内)
HBVV-6×0.5	电动阀与智能终端的连线	距离超过20m时,可采用Cat3 UTP电缆(50m以内)
RVS-2×1.5	智能终端与用电控制箱的连线	

5.2.4 燃气监控系统管线敷设的一般要求是什么？

【答案】

1. 燃气监控系统的管线施工应符合现行国家标准《电气装置工程施工及验收规范》的规定。

2. 各种型材的材质、规格、型号应符合规定,表面应光滑、平整、不得变形、断裂。施工前应对管线的颜色、是否有短路和断路及电缆所附标签内容是否齐全清晰等项目进行检查。

3. 燃气监控系统施工前,应具备下列资料：

(1) 工程情况摸底表；

(2) 系统主要设备配置表；

(3) 各个楼宇中智能终端编码表；

(4) 各个楼宇的I/O设备与智能终端各通道对应关系表；

(5) 系统工程设计图纸；

(6) 系统接线表。

4. 系统所有线路均应敷设在建筑物内部,高层建筑传输干线应在弱电竖井中。另外,要做好防水、防鼠、防破坏的措施,以确保畅通。

5. 电缆线的布放应平直,不得产生扭绞、打圈等现象,不应受到外力的挤压和损伤。导线安装在管内,不应有接头或扭结。

6. 穿线前,应将管内的积水及杂物清除干净。穿线后,为防止线头滑落,穿好的通讯线两端应有扎带扎紧或打上活结。

7. 为了避免接线时发生混淆,在布线作业时,导线两端均必须打上线码,以表明起始和终了位置,线码标签书写应清晰、端正和正确。

5.2.5 燃气监控系统暗管敷设的一般要求是什么?

【答案】

1. 系统户内管路宜采用暗埋敷设。

2. 暗管宜采用钢管或阻燃硬质 PVC 管,预埋在墙体中间的暗管内径不宜超过 50mm,楼板中的暗管内径宜为 15~25mm,并应选择最短捷的路径。

3. 暗管的转弯角度应大于 90°,在路径上每根暗管的转弯角不得多于两个,并不应有 S 弯出现,暗管转弯的曲率半径不应小于该管外径的 6 倍。

4. 在弯曲布管时,每间隔 15m 处应设置暗装箱或线盒;在暗管两端、直线布管 30m 处也应设置暗装箱或线盒。

5. 管道内应畅通无阻挡,管口应无毛刺,并安置牵引线或拉线及堵头。暗管穿线宜使用滑石粉或黄油等做润滑剂,作业时用力要均匀,切忌猛拉猛拽使导线受损。

6. 敷设在潮湿场所管路的管口和管子连接处,均应做密封处理。

5.2.6 燃气监控系统庭院埋地管线施工有哪些方面的基本要求?

【答案】

1. 庭院埋地的四芯双绞线宜使用镀锌钢管作为保护管,整个小区的庭院管宜连成一体且有良好的接地。

2. 在埋地线路路径上有可能使管线受到机械性损伤、化学作用、地下电流、振动、热影响、腐殖物质、虫鼠等危害的地段,还应采取加装套管等保护措施。

3. 埋地保护管埋入非混凝土地面的深度不应小于100mm,伸出建筑物散水坡的地方也应加装套管,伸出长度不应小于250mm。

4. 每段管道的最大段长一般不宜大于120m,并应有一定的坡度。若长度超过120m,宜设置手孔,手孔中宜有堵塞物塞住管口。在管道和手孔内不应有电缆接头。

5. 埋地管线敷设后,应按下列规定进行填土夯实:

(1) 回填土时,应先回填细土将管线覆盖后,方可回填普通土壤;不得把大石块、冻土块、石灰质、炉灰或其他有机物填入沟内及覆盖在管路上。

(2) 夯实和回填土均不得损伤已布放的管路及电缆沟内的其他管线。

(3) 回填土应认真进行分层夯实工作,每回填土约30cm应夯实一遍;并及时做好余渣土的清理工作。

5.2.7 燃气监控系统设备安装环境有哪些方面的要求?

【答案】

1. 工作温度范围: -10~45℃。
2. 工作湿度范围:小于95%。
3. 安装形式:墙面固定,线路预埋。
4. 安装地点:室内或其他不被雨淋的地方。

5.2.8 燃气监控系统的调试一般有哪些步骤?

【答案】

1. 调试前准备

(1) 准备工程调试前的资料。

(2) 准备调试工具、材料。

(3) 工程调试前应检查的内容：工程实际与施工方案中设备（智能终端、UPS电源）安装位置核实；施工方案中数据库与工程实际房号核实；抽检系统线标、接线是否符合安装规范。

2. 通讯调试

用测试设备在管理微机总线上对所有智能终端进行巡检，若有通讯失败的部分，必须将其恢复，直至全区巡检正常。

3. 管理微机及软件的安装

(1) 观察管理微机的配置是否符合燃气监控系统要求。

(2) 设置开机密码。

(3) 安装管理软件与数据库，并设置巡检时间，观察软件运行是否正常。

4. I/O设备调试

该部分的调试必须在管理软件稳定运行的情况下进行，由系统调试员首先在管理机上查询各I/O设备的状态，记录下有故障的设备，然后再去现场检查。现场检查工作包括燃气脉冲表的断、短路处理，燃气泄漏报警器断、短路的处理，燃气电动阀故障处理等。

5. 燃气泄漏报警器及电动阀点检联动、抄录燃气表初始值、管理微机预置燃气表初始值及脉冲常数。

5.2.9 燃气监控系统的施工安装一般有哪些步骤？

【答案】

1. 签定施工合同并确定施工内容
2. 工程任务安排
3. 施工组织及实施
4. 设备调试

工程设备安装完毕后，施工单位将燃气监控系统连接通电后进行运行调试。

5. 填写竣工报告

工程调试完成后,在移交验收前施工单位应准备好完整的竣工资料并填写竣工报告,向相关部门申报工程验收。

6. 工程验收

验收单位按照相关工程验收标准进行工程验收。

5.2.10 燃气监控系统的工程验收有哪些步骤?

【答案】

1. 燃气监控系统工程竣工验收应由建设单位主持,施工单位、监理单位、设计单位以及管理或接收单位参加。

2. 系统工程验收应包括下列装置和功能:

(1) 燃气泄漏报警器及报警功能;

(2) 燃气用电动阀及智能安全控制功能;

(3) 燃气远程抄表功能。

3. 系统工程验收前,施工单位应提交验收申请表,并附以下文件资料:

(1) 系统竣工图;

(2) 调试报告。

4. 工程验收时抽查标准根据 GB 2828—87 的有关规定制定;其合格质量水平(AQL)值为:主要缺陷为 1.5;次要缺陷:4.0。

5.2.11 燃气监控系统的使用维护应注意哪些方面的问题?

【答案】

1. 智能终端发生以下几种情况,系统会发出报警。

(1) 发生燃气泄漏。

(2) 某个脉冲燃气表传感器或传感器与智能终端的连线发生故障(包括连接器件)。

(3) 燃气用电动阀门故障。

(4) 智能终端交流市电停电。

(5) 智能终端集中供电电池欠压。

(6) 智能终端与管理微机无法通讯。

2. 使用读状态功能系统管理员可检查到系统中各个设备的运行状态。

3. 系统内的所有设施,未被授权的人员不得对其改动或操作。

4. 为维护燃气监控系统系统正常运行,相关部门应承担以下工作:

(1) 燃气监控系统供应商提供的服务:

1) 在系统正常使用情况下,系统供应商对由于系统内设备(不包括连线)本身质量原因引起的故障进行处理;

2) 在收到故障信息后,维修人员应在 24h 内赶到现场解决;

3) 系统供应商对于在保修期内系统正常使用情况下发生故障的设备进行免费更换或维修,在保修期外则是有偿的;

4) 对于使用不当或其他人为因素引起的设备故障,无论系统处于保修期内与否,更换和维修均是有偿的。

(2) 小区管理处所负责的工作:

1) 保证燃气监控系统供电正常;

2) 小区的物业管理部门应对被授权的操作建立一套完善的程序,对因使用不当,管理制度不完善造成的事故,责任由小区物业管理部门负责;

3) 有报警信息或异常情况发生,要立即通知相关单位。

(3) 供气单位所负责的工作:

1) 每月的抄表工作;

2) 燃气泄漏报警后去现场检查,排除隐患,恢复供气;

3) 气表移位或更换后的重装表头和接线工作;

4) 非设备质量原因引起的故障的排除工作。

第三节　新技术、新工艺、新材料

5.3.1　直读式燃气表有哪些方面的优点？

【答案】

现在的智能远程抄表系统一般都是通过实时累计脉冲表发出的脉冲来完成远程计数的，这种计数模式主要存在累计脉冲误差的问题，原因是脉冲在转换及传输过程中受到外界环境的干扰，与表计码盘存在不一致的现象，另外脉冲采集电路要实时供电并配备后备电源，整机功耗较大且施工复杂。

汉光公司新开发研制的直读式燃气表是通过光电转换直接读取燃气表的码盘读数，也就是说抄表系统远程抄录的数据就是燃气表的直接示值，避免了累计误差的问题。它还具有以下优点：

1. 真正实现远程抄表"零误差"

由于抄表时所读取的就是字轮当前指示数，因此不存在脉冲远传表的累计脉冲计数误差的问题。

2. 节能、设备寿命长

由于直读表只是在读表瞬间由总线供电，内部不设电源，避免了传统脉冲发生装置因电源或电池断电造成的漏计脉冲的现象，整机故障率和功耗也得以大大降低，在节能环保的同时也延长了整机的使用寿命。

3. 不用后备电源

由于采集设备无需存储实时数据，因此无需后备电源。

4. 数据安全性及抗干扰能力好

由于直读式燃气表传送和接收的是经过编码校验的数字信号，不像脉冲信号容易受到电磁和机械因素的干扰。

5. 布线灵活且工程成本低

直读式燃气表采用 MBUS 总线，在两芯无极性线缆上同时实现了通讯和供电的功能，且总线连接方式非常灵活，方便了工程施工和设备维修，同时也降低了材料成本。

第六章 燃气系统安全使用知识和维护

第一节 基本概念和解释

6.1.1 燃气系统的组成有哪些?

【答案】

本文所指的燃气系统主要包括有室外燃气管网及其附属设施、室内燃气系统公共部分、用户户内燃气管道系统以及燃烧器具,不包含燃气储存、输配和应用的场站、长输管线以及工业专用的燃气系统。

6.1.2 什么是燃气管道系统的运行维护?其具体内容有哪些?

【答案】

由于燃气管道系统容易发生因泄漏而导致的火灾、爆炸、中毒或其他事故,因此燃气经营、供应使用过程中,为保障燃气系统设施的正常运行,预防燃气事故的发生,要求从事燃气供应的企业按照国家有关的规范标准,根据现有燃气管道系统的运行状况和工艺实际制定出严格的操作规程、日常安全管理制度,指导具有专业资格的员工对燃气设施进行巡视、操作、记录、检查、维修及用户安全检查等常规工作。要求燃气使用的单位和用户严格遵守安全使用规定,不违章拆卸、改装燃气管道设施,定期检查燃气管道可能存在的不安全隐患,并配合专业公司进行整改。

6.1.3 什么是燃气管道系统的抢修?

【答案】

当燃气管道系统发生意外漏气或因漏气造成火灾、爆炸、中毒等事故时,专业人员按照既定的操作规程或事故应急预案,采取紧急措施,抢救受伤人员,控制事故现场,配合消防部门进行救援及事故调查工作,做好事故后的恢复工作。

6.1.4 什么是燃气管道系统的动火作业?其一般工作流程有哪些?

【答案】

燃气管道系统处于一个动态的管理过程中,根据用户发展及管道延伸、技术改造的需要,须对已带气管道系统进行接驳、更换、切断等作业,作业中进行焊接、切割等产生明火的工作称为动火作业。

动火作业一般在带气环境或在危险区域中进行,作业人员应按照企业制定的动火作业操作规程进行,并根据动火级别向企业及政府有关部门申报《动火作业证》,取得动火证后必须在规定的时间、地点、范围内进行动火作业。其一般工作流程有:动火方案的申报→动火方案的审批→停气通知→置换吹扫→现场作业→试压试漏→供气置换及恢复。

第二节 室外燃气系统的安全与维护

6.2.1 室外燃气系统构成有哪些?如何进行分类?其功能是什么?

【答案】

1. 随着经济和城市的发展,燃气管网日益复杂和完善,一般城市室外燃气系统由以下部分构成:

(1) 不同压力的燃气管道。

(2) 埋地燃气附属设施,包括阀门、凝水器、补偿器、放散管等。

(3) 调压计量站或区域调压室。

(4) 其他设施,包括阴极保护、地面标志桩等。

2. 对室外燃气系统,一般按照输送燃气的压力级制分为:

(1) 一级系统:用低压管网来分配和供给燃气。

(2) 二级系统:用低压和中压或低压和次高压两级管网组成。

(3) 三级系统:包括低压、中压(或次高压)和高压三级管网。

(4) 多级系统:由低压、中压、次高压和高压甚至更高压力的管网组成。

3. 室外燃气系统的功能主要体现在安全、可靠、经济、合理地向各级用户输配管道燃气。

6.2.2 室外燃气管道运行中存在的主要问题有哪些?如何进行预防和处理?

【答案】

室外燃气管道运行中不可避免地会受到材质、压力级制、输送燃气介质、地质情况或其他人为因素的影响,其中对其安全运行影响较多和严重的是室外埋地燃气管道所处的地质土壤的腐蚀以及土壤中杂散电流对燃气管道造成不同程度的腐蚀,包括化学腐蚀和电化学腐蚀,从而诱发管道承压能力降低甚至穿孔漏气,这是埋地燃气管道管理的一个重点。目前的预防措施主要有:选用耐腐蚀的管材,如 PE 管或球墨铸铁管;对管道外表面进行绝缘层防腐处理;对管道进行外加电源或牺牲阳极保护等。

由于输送燃气介质组成成分的差异,如人工燃气中通常有焦油和灰尘,干馏煤气有较多的萘以及一些硫化物和水的存在,会造成燃气管道内壁腐蚀或管道及用气设备堵塞。目前所采用预防措施主要有:对燃气进行除尘、除萘等净化处理;在管道上设置凝水缸对灰尘和水进行收集排放等。

6.2.3 室外燃气系统日常维护的内容有哪些?其主

要事项有哪些?

【答案】

针对室外燃气系统运行的特点,日常维护主要包括管线的巡查检漏、埋地阀门的加油和启闭试验、凝水缸的定期排放、调压设施的运行检查与记录以及运用技术手段对管线的防腐状态进行普查和分类等,注意事项为:

1. 管线的巡查检漏

(1) 管道埋设位置是否有地质情况变化,包括塌方、滑坡、下陷。

(2) 管道是否被构筑物压占,上方是否种植深根植物等。

(3) 管道沿线包括附近污水井等其他市政管线是否有燃气异味,水面冒泡等燃气泄漏的异常情况。

(4) 管道附近是否有危及管线安全的施工作业。

(5) 标志桩、阀门井盖等附件设施是否存在丢失或埋设不准确等情况。

(6) 进行维护检修时应采取防爆措施,严禁在漏气环境中使用产生火花的铁器工具。

2. 埋地阀门

(1) 阀门井内是否有积水、塌陷和妨碍阀门操作的堆积物,井盖、井套是否完好。

(2) 连接阀门的管道前后的放散管是否腐蚀和异常。

(3) 阀体是否腐蚀、损坏,法兰是否漏气。

(4) 阀门应定期启闭,检查是否无法启闭或启闭不严。

(5) 进入检查时应先检测燃气浓度,并应有旁人监护。

3. 凝水缸

(1) 应定期排放积水和残液,对之进行收集,统一处理,不得任意排放。

(2) 检查放散管是否有腐蚀,放散管是否有焦油及萘等杂质堵塞。

(3) 井盖、井套是否完好。

4．试压设施

(1) 检查调压器是否有腐蚀、损伤，各接口是否有漏气。

(2) 检查入口、出口的压力计显示的压力是否正常，自计式压力计出口瞬间压力的记录是否正常。

(3) 安全阀是否定期检验，测试安全阀是否正常。

(4) 过滤器前后压损是否过大，应定期排污和清洗。

(5) 调压器阀门是否启闭正常。

5．管线防腐状况探测

现在一些新的探测技术在不开挖的情况下可以对管线防腐状态进行探测，通过计算，分析管线防腐情况，根据结果可以制定运行、维护的方案，按计划开展管线的修复工作，起到了预防为主的作用。

对有电保护装置的管道，应定期对电流参数进行检查，并根据情况进行整改。

6.2.4 如何避免外单位施工对燃气管线造成破坏引发事故？

【答案】

由于外单位施工时不知道燃气管线位置或未落实安全施工措施，容易对燃气管线造成挖断、挖穿等破坏，从而导致燃气大量泄漏引发安全事故。近年来，此类事故经常发生，对燃气管线安全运行造成了极大的威胁。根据深圳市现行的经验，预防此类事故发生的措施有：

1．加大管线的巡查力度，发现外单位施工可能影响管线安全时，巡查人员要立即进行阻止和协调，并告知其采取必要的安全措施并与之签定安全协议。

2．加强与政府主管部门的沟通，对重大安全隐患及时向上报告，请求政府部门出面协调解决。

3．深圳市建设局规定凡是新开工项目，施工单位必须到管道燃气单位办理燃气管线确认手续,签定具体的安全措施和协议,从而预防了事故的发生。

6.2.5 如何处理埋地燃气管道泄漏?

【答案】

埋地燃气管道因其压力一般较高,容量大,发生燃气泄漏不易控制,事故后果严重,燃气经营单位应采取果断有效的措施处理好燃气泄漏,主要措施有:

1. 明确抢修的原则与方针,一般是人员救护优先,然后是事态控制和挽救财产损失。
2. 制定严格的事故抢修制度和事故上报程序。
3. 设置抢修指挥调度中心,公开报警电话并保持24h有人接听。
4. 根据用户情况设立专职抢修机构,配备充足的交通工具、通讯设备、防护用具、消防器材、检测仪器等装备。
5. 制定应急预案,并协同消防、医疗、交管等部门开展演习。
6. 制定详细的抢修操作规程,正确指导抢修员工的抢修作业。
7. 制定事故调查分析制度和纠正预防机制。

第三节 室内燃气系统公共部分的安全与维护

6.3.1 室内燃气系统的供气形式有哪些?各有什么特点?

【答案】

与室内燃气系统压力相吻合,根据供气建筑物的结构特点,室内燃气系统的供气形式有:

1. 集中调压、分户计量:多用于多层建筑,特点是投资较少。

2. 中压供气，分户调压计量：多用于高层建筑，特点是燃气使用压力稳定。

3. 低压总管供气，分户计量：多用于高层建筑，管材耗费大，供气压力不稳定。该燃气系统一般由控制总阀，中压立管，天面环管，低压总管及集中调压器构成。

6.3.2 室内燃气系统公共部分存在的安全隐患有哪些？如何预防处理？

【答案】

室内燃气系统公共部分在运行中，一般会存在燃气管道锈蚀、穿墙管锈蚀、穿孔等安全隐患，常用的预防措施有：

1. 施工时采用镀锌管等耐腐蚀管材，并采取防腐措施。

2. 穿墙管防腐采取新工艺，深圳市目前使用热收缩套防腐，效果良好。

6.3.3 室内燃气系统公共部分日常维护的内容有哪些？其注意事项有哪些？

【答案】

不同形式的室内公共燃气系统，日常维护稍有差异，但一般包括有燃气管道的防腐、燃气管道的更换处理和燃气设施的维修等，其注意事项有：

1. 燃气管道的防腐

（1）必须建立室内燃气系统公共部分的信息系统和普查机制，按照轻重缓急的原则安排燃气管道的防腐工作。

（2）防腐的过程应严格遵守有关施工工艺。

2. 燃气管道的更换处理

（1）对腐蚀严重的燃气管道应给予更换处理，更换时应严格遵守有关施工工艺。

（2）室内燃气系统公共部分进行更换管道时，要严格遵守有关停气、动火、通气的操作规程,并告知受影响用户安全注意事项。

3. 燃气附属设施的维修

(1) 检查各法兰、膨胀弯是否正常。

(2) 检查集中调压器是否运行正常,过滤器是否堵塞。

(3) 各类表箱、阀门是否稳固,警示标志是否明显,报修电话是否正确。

6.3.4 如何处理室内燃气系统公共部分的漏气事故?

【答案】

遵照 6.2.5 条执行,注意疏散附近居民,抢修完毕经试压合格后,方可恢复供气工作。

第四节 用户户内燃气系统的安全和维护

6.4.1 用户户内燃气系统的组成有哪些?

【答案】

用户户内燃气系统一般由入户总阀、用户调压器(分户调压形式)、流量表、低压管道、旋塞阀及燃气燃烧器具组成。

6.4.2 用户在使用时应注意哪些安全事项?发现漏气时应采取什么措施?

【答案】

1. 用户使用管道燃气时,应注意以下事项:

(1) 正确选用燃气燃烧器具,选择有资质单位安装、维护燃烧器具。

(2) 不得私自改动燃气管线,不得将燃气设施安装在不符合要求的房间或空间内。

(3) 不得妨碍公共燃气管道的抢修和日常维护,不得私自启闭燃气公共阀门。

(4) 应经常检查燃气管道是否存在泄漏腐蚀和燃烧不正常等现象。

(5) 应经常检查燃气胶管是否老化、龟裂、破损或被老鼠咬等现象,并应每两年左右进行更换。

(6) 不得使用明火检漏。

2. 用户在发现户内有燃气泄漏时,应采取如下措施:

(1) 立即关闭燃气总阀,同时开窗通风,让泄漏的燃气散发稀释。

(2) 熄灭明火,在安全地方切断电源,到安全的地方打电话向燃气单位报修,并在安全的地方等待燃气单位专业人员上门抢修。

(3) 燃气管道修复后方可再次使用。

(4) 如果发生燃气爆炸时,应立即到安全的地方保护自己并向旁人呼救,同时请求消防部门救助。

(5) 发现邻居家燃气泄漏时,不得使用电话、门铃告知家中人员,以敲门、呼喊等方式进行告知,同时向燃气单位报修。

6.4.3 燃气单位进行户内抢修作业应注意哪些事项?

【答案】

燃气单位的专职抢修机构接到用户报修后,应尽快赶到用户家中,进行漏气处理,处理时应注意:

1. 关闭用户燃气总阀,空间内若还有积聚的燃气时应打开门窗,通风稀释燃气。

2. 对户内燃气设施进行检漏,发现漏点及时消除,可使用肥皂水或压力计检漏。

3. 检漏应细致全面,包括对燃器具的检漏。

4. 在发生大量泄漏或爆炸等重大燃气事故时,现场人员应按程序上报,请求支援。

6.4.4 燃气单位对用户的安全宣传和安全检查应注意哪些事项？

【答案】

燃气单位有义务、有责任对燃气用户进行安全宣传和安全检查工作。燃气单位应利用工作岗位和服务窗口向用户宣传安全用气知识，派发安全用气宣传单，积极组织各种安全宣传活动。燃气单位应定期对用户燃气设施进行安全检查，并做好检查记录，记录中应明确：

1. 用户燃气设施有无泄漏，有无锈蚀、损坏。
2. 用户燃气设施有无改动、松动现象，流量表是否运转正常。
3. 燃气燃烧器具是否符合安全要求，是否燃烧正常，胶管是否完好。
4. 对发现的安全隐患应向用户下发隐患整改告知等，并应用户要求积极给予整改。

6.4.5 用户购买燃气燃烧器具应注意哪些事项？

【答案】

市场上燃气燃烧器具品种繁多，规格各异，又因各地气源性质的差别，即便同一地区也有多种气源，所以用户在选用燃烧器具时要仔细分别，正确选用。

1. 所选用的燃气燃烧器具必须具备生产合格证，必须符合国家标准、行业标准。
2. 所选用的燃气燃烧器具必须同自己所使用的燃气气质相适配。
3. 燃气燃烧器具相关的安全配件要一起购买。
4. 建议选用安全配置齐全的燃烧器具，比如熄火保护、缺氧保护等。

6.4.6 用户使用燃气燃烧器具应注意哪些安全事

项？

【答案】

燃气燃烧器具的不安全使用是导致燃气事故发生的一个重要原因，用户在使用燃烧器具时要注意安全，避免事故发生。

1. 燃烧器具的安装和维修必须选择有专业资质的单位进行，不得自行安装和维修。

2. 燃气燃烧器具在使用时需要大量的空气助燃，同时产生一定量的有毒气体（一氧化碳、氮氧化合物），所以在使用场所必须保持空气流通，防止发生中毒、窒息等事故。

3. 严禁使用直排式热水器，不得在浴室内安装使用非密闭式热水器，烟道式热水器应连接好排烟管，并防止空气回灌吹灭火焰。

4. 选嵌入式炉具时应保证橱柜内有足够的通风面积。

5. 使用燃烧器具时，用户应防止燃具干烧，防止沸腾的汤水扑灭火焰。不使用时应及时关闭燃具和旋塞阀。

6. 用户应告知家人（如儿童、老人、保姆等）安全使用知识。

7. 日常检漏常用方法是涂抹肥皂水，切不可用明火检漏。同时建议家庭安装可燃气体泄漏报警器，并配备灭火器以防初期火灾。

第五节 瓶装气的安全使用知识

6.5.1 瓶装气的种类有哪些？其使用途径是什么？

【答案】

现在国内使用的瓶装燃气主要是液化石油气（LPG），主要成分是 C_3 和 C_4，也有部分的压缩天然气（CNG），但多用于工业用户。本文中瓶装气指的是液化石油气。

常温下，气态液化石油气经过加压后液化，体积缩小约 250

倍,经灌装厂统一分装后,储存在高压钢瓶内,而后分销到各用户。

6.5.2 瓶装供气的主要设备有哪些?

【答案】

瓶装供气因储存运输方便,在我国仍有很大的使用量。民用市场上,其供气方式一般采用自然气化,经调压到 2800(±)500Pa 时,通过专用的橡胶管输送到燃烧器具。其主要设备有:

1. 高压钢瓶:15kg 钢瓶为国家通用标准钢瓶,瓶口有手轮式旋转角阀开关;

  50kg 及便携式钢瓶一般不用于家庭生活;

  12kg 钢瓶为国家检验检疫总局特批深圳市燃气集团的专用钢瓶,瓶口装有自闭式钢瓶直阀。

2. 调压器:主要有 JYT2 型钢瓶调压器。

6.5.3 瓶装气安全使用知识有哪些?

【答案】

瓶装气在日常使用过程中应注意如下事项:

1. 高层建筑禁止使用瓶装气,严禁瓶装气和管道气混用。
2. 燃气胶管应使用专用耐油橡胶管,长度不得超过 2m,不得穿墙,发现老化或者破损应立即更换。
3. 不选用不合格钢瓶,不选用没有编号钢印的瓶装气。
4. 不使用超量灌装的瓶装气。
5. 不准用火烤或开水烫钢瓶,不准将装有液化石油气的钢瓶横放或倒置。
6. 不准长时间在阳光下暴晒钢瓶,不得摔打、碰撞钢瓶。
7. 不得自行倒灌和倒残液。
8. 不准自行拆卸钢瓶角阀和调压器。
9. 不得在卧室、地下室、浴室内存放和使用钢瓶。
10. 使用完毕后应将钢瓶角阀关闭,睡觉及外出时应关闭钢瓶气源开关。

6.5.4 更换钢瓶应注意哪些安全事项?

【答案】

当钢瓶内燃气使用完毕后,需要更换新的钢瓶时,应注意以下事项:

1. 更换人员应戴好工作手套,熄灭火源。
2. 首先关闭空瓶的角阀,防止余气喷出。
3. 装实瓶时应先检查调压器进口处密封圈是否完好,如变形或脱落,应立即更换,切勿凑合使用。
4. 将调压器正对角阀出口,旋转拧紧,不可使用工具强力拧紧。
5. 用肥皂水检查角阀接口是否有漏气,发现漏气应立即处理。

第七章 建筑燃气工程的竣工验收

7.1 建筑燃气工程的竣工验收应具备哪些基本条件？

【答案】

根据《建设工程质量管理条例》的规定，建设工程竣工验收应具备下列条件：

1. 完成燃气工程设计和合同约定的各项内容。
2. 有完整的技术档案和施工管理资料。
3. 工程使用的主要材料和设备的进场试验报告及质量证明文件齐全。
4. 有建设、设计、施工、监理等单位分别签署的质量合格文件。
5. 有施工单位签署的工程保修书。

7.2 建筑燃气工程的竣工验收的组织形式、基本程序是什么？

【答案】

根据《建设工程质量管理条例》的规定，建设单位收到建设工程(燃气)竣工报告后，应当组织设计、施工、监理、管道供气等有关单位进行竣工验收。验收组织程序如下：

1. 建设单位组织验收会议。
2. 施工单位介绍施工情况。
3. 监理单位介绍监理情况。
4. 验收人员核查质保资料，并到现场检查。

5. 验收人员分别发言,建设单位做好记录。

7.3 建筑燃气工程竣工验收合格后超过6个月未通气使用的如果需要通气使用该怎么办?

【答案】

根据《城镇燃气室内工程施工及验收规范》的要求,验收合格的燃气管道和设备超过六个月未通气使用时,应由当地燃气供应单位进行复验,复验合格后,方可通气使用。

7.4 建筑燃气工程质保资料主要有哪些?

【答案】

1. 设计文件及设计变更文件;
2. 设备、主要材料的合格证和阀门的试验记录;
3. 管道和设备的安装工序质量检查记录;
4. 焊接外观检查记录和无损探伤检查记录;
5. 隐蔽工程验收记录;
6. 防腐绝缘措施检查记录;
7. 压力试验记录;
8. 各种测量记录;
9. 质量事故处理记录;
10. 工程验收评定记录。

7.5 建筑燃气工程竣工验收时现场主要检查哪些内容?

【答案】

1. 检查埋地燃气管的地面标志桩,看埋设是否准确、牢固、醒目;是否与竣工图一致。
2. 检查埋地阀门的安装是否符合设计要求,开启是否灵活,开启状态是否清楚。

3. 检查埋地燃气管与树木、路灯及其他管线井、构筑物等间距是否满足设计及规范要求。

4. 检查地上公共燃气管道及设备的安装是否符合设计及规范要求;焊接、防腐、避雷接地的施工是否符合规范要求;变形缝处燃气管道补偿器的安装是否符合设计及规范要求。

5. 检查用户户内燃气管道及设备的安装是否符合设计及规范要求;螺纹连接、防腐、管码安装、穿墙(楼板)的施工是否符合规范要求。

6. 检查燃气管道与其他管线的间距是否满足规范要求;安装热水器需要的排烟洞、冷热水管、电源插座是否已经配套完善;燃气燃烧器具的安装是否符合有关要求。

7. 检查厨房的装修、橱柜的安装是否满足安全供气的要求。

8. 检查燃气监控系统等辅助设施是否配套完善。

第八章 案例分析

燃气具有易燃易爆的特性,如果施工留有安全隐患或者违反有关安全规定而使用不当,会发生安全事故,给人民的生命、财产造成巨大的损失。据某市统计数据,近几年来,平均每年涉及燃气事故造成十多人死亡,上百人受伤(主要是煤气中毒)。以下是部分事故图片和案例分析。

图 8.0-1

图 8.0-2

8.1 案例一(综合性事故)

1996年2月18日,农历乙亥年除夕日傍晚19点45分,随着一声巨响,某市南门街住宅区8号楼,一栋有35户居民的住宅楼发生强烈爆炸,整栋楼房剧烈振晃,振碎的门窗玻璃唰唰飞落,门窗横飞,楼板坠落,一楼和二楼几户人家遭到灭顶之灾。

107室原本是"四代同堂",顷刻间,户主冷某连同家具、电器、杂物一起被埋入楼板和砖块之中,小儿子在爆炸瞬间时正在厨房,求生的本能使他死命抓住厨房门框,奋力爬了出去,成了这户惟一的生还者。

图 8.0-3

106室户主蒋某和两个女儿不幸罹难,妻子朱某被楼板压住,而爆炸前3分钟,蒋某的父亲、母亲、弟弟、弟媳及一小男孩还在此吃团圆饭,刚离开这里回到数十米外的一栋楼的家中,这五人幸免于难,实为不幸中的大幸。

这次事故损失极为惨重,8户房屋遭到严重破坏,死亡19人,重伤3人,直接经济损失达数百万元。

事后查明,这起事故直接原因是民用燃气泄漏,遇到明火形成强烈爆炸。经过分析,首先8号楼燃气进楼管道铺设没有严格遵守规范,埋设深度本来要求为60cm,实际深度只有25cm,与主管接口需水平接,实际为上下接;其次,管道上方原为街坊街道,不允许载重车辆通过,但是实际上载重车辆畅通无阻,以致燃气管道被压成弧状,接口松裂,造成燃气泄漏;最后,土建施工单位也没有严格按照规范要求施工,楼房西面墙底下有一直通架高层的小孔洞,原为脚手架插孔,拆除脚手架后未加堵塞,客观上给泄漏燃气进入架高层提供了通道。建筑设计和施工规范对楼板与楼板的搭接有严格的要求,8号楼对此执行不严,水泥楼板稍受剧烈摇晃即塌落。架高层地基原为各地都采用的一种地基结构,优点是减轻地面过载,节约工程造价,但其造成地下空间甚大,且完全密闭,一旦发生燃气泄漏,泄漏的管道燃气就会通过土壤、砖缝渗入,形成密闭气包,无疑是一枚定时炸弹。

8.2 案例二(材料使用不当事故)

1998年3月5日傍晚18点45分,随着一声惊天动地的巨响,中国西部某市发生了建国以来最大的液化气爆炸事故。

当天下午15点45分左右,该市煤气公司液化石油气管理所的一容积为400m³储存有液化石油气的球罐根部发生泄漏,该站工作人员经过一个多小时的处置后,仍然无法堵住外泄的强大气流,液化所此时感觉无力自救,于下午16点51分报警求助。

6分钟后,市消防队赶到现场,用水枪驱散泄漏的液化气,然而效果不明显,抢险指挥部采取了切断电源、清除一切火源、禁止在现场附近行使车辆等措施,并在泄漏部位加厚堵源层,往泄漏的球罐注水后,18点40分,堵漏取得明显效果。就在救援人员看到胜利的曙光时,18点45分,泄漏的液化气发生第一次闪爆,起火点为距罐区38m处的配电房。随着爆炸,从罐区防护堤内火海里跑出30多人,很多人已被烧伤,场面惨不忍睹。受伤的人员马上被送往附近的医院抢救,整个过程用了5分钟。大约过了10分钟,更为强烈的第一次燃爆发生了,所幸的是人员已经撤离,没有造成人员伤亡。

根据市政府领导的指示,救援人员全部撤出现场,并疏散方圆3km范围内的人员,实行交通管制,调集力量降温、灭火、搜索抢救伤员。此时,大火从另外两个球罐顶部爆裂的口子直冲而出,又相继发生了两次爆炸。抢险指挥部决定对未爆炸的储罐实施冷却保护,控制火势蔓延,并在管线中插入盲板以防止管道内窜火,危及其他球罐。经过8小时的激战,险情得到了控制。整个救援行动7名消防战士和5名液化气站职工牺牲,伤32人,直接经济损失480万元,社会影响极大。

这次液化气泄漏事故是由于法兰的固定螺栓松紧不均匀,使得法兰间的垫片长时间受到应力,受压较高一侧的垫片迅速老化,因而引起泄漏。材料选用和安装不当,并且自救不力,缺乏相应的堵漏工具,未能在第一时间采取有效措施实施堵漏是使事故扩大的主要原因。

8.3 案例三(用户使用不当事故)

2000年12月7日,某市一住户家里发生液化气爆炸事故,经当地有关部门调查后得出结论,事故完全是由于用户忽视有关安全法规,使用不当造成的。

原来,该住户王某于2000年10月向当地燃气公司申请安装管道燃气,在办理了有关手续后,燃气公司安排有关施工单位上门施工,并于11月底通过竣工验收和进行了通气点火。由于该住户之前一直在使用瓶装液化石油气,所以,燃气公司工作人员在开通点火时特别嘱咐王某一定要停止使用瓶装气,因为按照有关规定,管道燃气和瓶装气是不能够同时混用的。在燃气公司工作人员走后,由于液化气钢瓶里还剩余有液化气,为把瓶装气用完,王某就擅自把燃气管道旋塞阀与热水器、灶具的连接胶管卸掉,重新接回钢瓶上,继续使用瓶装气。12月7日,王某家里来了亲戚张某,并在王某家留宿。晚上张某在卫生间洗澡时,在打开钢瓶角阀后,发现热水器没有热水流出,于是,张某又试着拧卫生间内其他开关,这时他把管道气开关也拧开了(管道与热水器之间没有胶管连接,燃气就这样泄漏出来)。当张某再去检查热水器的电源时,只听到"嘭"的一声巨响,卫生间里已经是烈火熊熊,原来,泄露的液化石油气与空气混合达到一定浓度时遇到热水器的脉冲电火花引起爆燃,当王某一家把火扑灭后,发现张某已被烧得遍体鳞伤,倒在地上。此次火灾,除将卫生间内的热水器、排气扇等设备烧毁外,更主要的是张某身受重伤。

8.4 案例四(设备选用不当事故)

2001年11月4日下午,某市一液化气站发生特大爆炸事故,造成三男一女重伤。据一目击者称,当天下午16时左右,他骑着摩托车经过该气站门口路段时,突然听到"嘭嘭"几声巨响,虽然他距离爆炸现场有一段距离,但是仍然可以感到一股气浪从身后扑过来,他的心脏也一阵难受。随即他看到几丈高的火焰夹着大团黑烟从该气站的一楼位置蹿出来,炸起的火球高度有五六层楼高,隆隆的爆炸声也持续了近半个小时。

事故发生后,当地警方迅速将主要路口封闭,同时疏散了方圆1km内的群众。由于液化气的燃烧特性,火势一直未能控制,反而越烧越旺,气站内还有两个长约10余米的油罐尚未爆炸,情势十分危急。最后,消防员动用了泡沫灭火器,直到晚上20时30分左右才将火扑灭。

事后经过调查和分析,发现造成这次事故的原因是气站选用了假冒伪劣的设备所造成的。调查人员在核对设备型号时发现,该气站所选用的烃泵,牌子是北方某市一家厂家,但是,该厂家的烃泵型号并没有该气站选用的型号,显然,该气站选用的是假冒伪劣产品。事故的发生是必然的,正是由于烃泵质量不合格,运行时短时间发生大量液化气泄漏,碰到明火后发生爆炸。

附录

一、国家有关建筑燃气法律、法规、规章

城市燃气管理办法

(1997年12月23日建设部第62号令)

第一章 总则

第一条 为加强城市燃气管理,维护燃气供应企业和用户的合法权益,规范燃气市场,保障社会公共安全,提高环境质量,促进燃气事业的发展,制定本办法。

第二条 本办法适用于城市燃气的规划、建设、经营、器具的生产、销售和燃气的使用及安全管理。

第三条 城市燃气的发展应当实行统一规划、配套建设、因地制宜、合理利用能源、建设和管理并重的原则。

第四条 国务院建设行政主管部门负责全国城市燃气管理工作。县级以上地方人民政府城市建设行政主管部门负责本行政区域的城市燃气管理工作。

第五条 国家鼓励和支持城市燃气科学技术研究,推广先进技术,提高城市燃气的科学技术水平。

第二章 规划和建设

第六条 县级以上地方人民政府应当组织规划、城建等部门根据城市总体规划编制本地区燃气发展规划。

城市燃气新建、改建、扩建项目以及经营网点的布局要符合城市燃气发展规划,并经城市建设行政主管部门批准后,方可实施。

第七条 城市燃气建设资金可以按照国家有关规定,采取政

府投资、集资、国内外贷款、发行债券等多种渠道筹集。

第八条 燃气工程的设计、施工,应当由持有相应资质证书的设计、施工单位承担,并应符合国家有关技术标准和规范。

禁止无证或者超越资质证书规定的经营范围承担燃气工程设计、施工任务。

第九条 住宅小区内的燃气工程施工可以由负责小区施工的具有相应资质的单位承担。

民用建筑的燃气设施,应当与主体工程同时设计、同时施工、同时验收。

燃气表的安装要符合规范,兼顾室内美观,方便用户。

第十条 燃气工程施工实行工程质量监督制度。

第十一条 燃气工程竣工后,应当由城市建设行政主管部门组织有关部门验收;未经验收或者验收不合格的,不得投入使用。

第十二条 在燃气设施的地面和地下规定的安全保护范围内,禁止修建建筑物、构筑物,禁止堆放物品和挖坑取土等危害供气设施安全的活动。

第十三条 确需改动燃气设施的,建设单位应当报经县级以上地方人民政府城市规划行政主管部门和城市建设行政主管部门批准。改动燃气设施所发生的费用由建设单位负担。

第十四条 城市新区建设和旧区改造时,应当依照城市燃气发展规划,配套建设燃气设施。

高层住宅应当安装燃气管道配套设施。

第十五条 任何单位和个人无正当理由不得阻挠经批准的公共管道燃气工程项目的施工安装。

第三章 城市燃气经营

第十六条 用管道供应城市燃气的,实行区域性统一经营。瓶装燃气可以多家经营。

第十七条 燃气供应企业,必须经资质审查合格并经工商行政管理机关登记注册,方可从事经营活动。资质审查办法按《城市燃气和供热企业资质管理规定》执行。

第十八条 燃气供应企业应当遵守下列规定：

（一）燃气的气质和压力应当符合国家规定的标准。保证安全稳定供气，不得无故停止供气；

（二）禁止向无《城市燃气企业资质证书》的单位提供经营性气源；

（三）不得强制用户到指定的地点购买指定的燃气器具；

（四）禁止使用超过检验期限和检验不合格的钢瓶；

（五）禁止用槽车直接向钢瓶充装液化石油气；

（六）其他应当遵守的规定。

第十九条 燃气供应企业和燃气用具安装、维修单位和职工应当实行持证上岗制度。具体办法由国务院建设行政主管部门会同有关部门制定。

第二十条 燃气供应企业及分销站点需要变更、停业、歇业、分立或者合并的，必须提前30日向城市建设行政主管部门提出申请。经批准后，方可实施。

第二十一条 燃气价格的确定和调整，由城市建设行政主管部门提出，经物价部门审核、批准后组织实施。

第四章　城市燃气器具

第二十二条 燃气器具的生产实行产品生产许可或安全质量认证制度。燃气器具必须取得国家燃气器具产品生产许可证或安全质量认证后，方可生产。

第二十三条 燃气器具必须经销售地城市建设行政主管部门指定的检测机构的气源适配性检测，符合销售地燃气使用要求，颁发准销证后方可销售。

取得准销证的产品由城市建设行政主管部门列入当地《燃气器具销售目录》，并向用户公布。

第二十四条 燃气器具安装、维修单位，必须经城市建设行政主管部门资质审核合格，方可从事燃气器具的安装、维修业务。

第二十五条 燃气器具生产、经营企业在销售地必须有产品售后维修保证措施。

第五章 城市燃气使用

第二十六条 燃气供应企业应当建立燃气用户档案,与用户签订供气用气合同,明确双方的权利和义务。

第二十七条 燃气用户未经燃气供应企业批准,不得擅自接通管道使用燃气或者改变燃气使用性质、变更地址和名称。

第二十八条 燃气计量应当采用符合国家计量标准的燃气计量装置,按规定定期进行校验。

第二十九条 燃气用户应当遵守下列规定:

(一) 按使用规则,正确使用燃气;

(二) 禁止盗用或者转供燃气;

(三) 禁止对液化石油气钢瓶加热;

(四) 禁止倒灌瓶装气和倾倒残液。残液由燃气供应企业负责倾倒;

(五) 禁止擅自改换钢瓶检验标记;

(六) 禁止自行拆卸、安装、改装燃气计量器具和燃气设施等;

(七) 以管道燃气为燃料的热水器、空调等设备,必须报经燃气供应企业同意,由持有相应资质证书的单位安装。

(八) 法律、法规规定的其他行为。

第三十条 燃气用户应当按时交纳气费。逾期不交的,燃气供应企业可以从逾期之日向不交纳气费的用户收取应交燃气费的3‰~1%的滞纳金,情节严重的,可以中止对其供气。

第三十一条 燃气用户有权就燃气经营的收费和服务向燃气供应企业查询,对不符合服务或收费标准的,可以向其行政主管部门投诉。

第六章 城市燃气安全

第三十二条 燃气供应企业必须建立安全检查、维修维护、事故抢修等制度,及时报告、排除、处理燃气设施故障和事故,确保正常供气。

第三十三条　燃气供应企业必须向社会公布抢修电话,设置专职抢修队伍,配备防护用品、车辆器材、通讯设备等。

燃气供应企业应当实行每日24小时值班制度,发现燃气设施事故或接到燃气设施事故报告时,应当立即组织抢修、抢险。

第三十四条　燃气供应企业必须制定有关安全使用规则,宣传安全使用常识,对用户进行安全使用燃气的指导。

第三十五条　燃气供应企业应当按照有关规定,在重要的燃气设施所在地设置统一、明显的安全警示标志,并配备专职人员进行巡回检查。

严禁擅自移动、覆盖、涂改、拆除、毁坏燃气设施的安全警示标志。

第三十六条　任何单位和个人发现燃气泄漏或者燃气引起的中毒、火灾爆炸等事故,有义务通知燃气供应企业以及消防等部门。

发生燃气事故后,燃气供应企业应当立即向城市建设行政主管部门报告,重大燃气事故要及时报国务院建设行政主管部门。

第三十七条　对燃气事故应当依照有关法律、法规的规定处理。

发生重大燃气事故,应当在事故发生地的人民政府统一领导下,由城市建设行政主管部门会同公安、消防、劳动等有关部门组成事故调查组,进行调查处理。

第三十八条　各地可以根据本地区的实际情况,实行燃气事故保险制度。

第三十九条　除消防等紧急情况外,未经燃气供应企业同意,任何人不得开启或者关闭燃气管道上的公共阀门。

第七章　法律责任

第四十条　违反本办法规定,有下列行为之一的,由城市建设行政主管部门责令停止设计、施工,限期改正,并可处以1万元以上3万元以下罚款;已经取得设计、施工资质证书,情节严重的,提请原发证机关吊销设计、施工资质证书:

(一)未取得设计、施工资质或者未按照资质等级承担城市燃气工程的设计、施工任务的;

(二)未按照有关技术标准和规范设计、施工的。

第四十一条 违反本办法第六条第二款、第十一条、第十三条、第十七条、第二十条、第二十四条规定的,由城市建设行政主管部门责令停止违法行为,并可处以1万元以上3万元以下罚款。

第四十二条 违反本办法第十八条、第二十三条第一款规定的,由城市建设行政主管部门给予警告,责令限期改正,停止销售,并可处以1万元以上3万元以下罚款。

第四十三条 违反本办法第十二条、第十五条、第二十七条、第二十九条第(三)、(四)、(五)、(六)、(七)项、第三十五条第二款、第三十九条规定的,由城市建设行政主管部门责令停止违法行为,恢复原状,赔偿损失,并可处以500元以上3万元以下罚款。

第四十四条 违反本办法,构成犯罪的,由司法机关依法追究刑事责任;尚不构成犯罪的,依照治安管理处罚条例的规定给予处罚。

第四十五条 城市建设行政主管部门的工作人员玩忽职守、滥用职权、徇私舞弊的,由其所在单位或上级主管部门给予行政处分,构成犯罪的,依法追究刑事责任。

第八章 附 则

第四十六条 本办法下列用语的含义是:

(一)城市燃气是指人工煤气、天然气和液化石油气等气体燃料的总称。

(二)燃气供应企业是指燃气生产、储运、输配、供应的企业。

(三)燃气设施是指燃气生产、储运、输配、供应的各种设备及其附属设施。

(四）燃气器具包括燃气灶具、公用燃气炊事器具、燃气烘烤器具、燃气热水、开水器具、燃气取暖器具、燃气交通运输工具、燃气冷暖机、燃气计量器具、钢瓶、调压器等。

第四十七条 省、自治区、直辖市建设行政主管部门,可以根据本办法制定实施细则。

第四十八条 本办法自1998年1月1日起施行。

城市燃气安全管理规定

（1991年3月30日建设部、劳动部、公安部第10号令）

第一章 总 则

第一条 为了加强城市燃气的安全管理,保护人身和财产安全,制定本规定。

第二条 本规定所称城市燃气,是指供给城市中生活、生产等使用的天然气、液化石油气、人工煤气(煤制气、重油制气)等气体燃料。

第三条 城市燃气的生产、储存、输配、经营、使用以及燃气工程的设计、施工和燃气用具的生产,均应遵守本规定。

第四条 根据国务院规定的职责分工和有关法律、法规的规定,建设部负责管理全国城市燃气安全工作,劳动部负责全国城市燃气的安全监察,公安部负责全国城市燃气的消防监督。县级以上地方人民政府建、劳动(安全监察)、公安(消防监督)部门按照同级人民政府规定的职责分工,共同负责本行政区域的城市燃气安全监督管理工作。

第五条 城市燃气的生产、储存、输配、经营和使用,必须贯彻"安全第一、预防为主"的方针,高度重视燃气安全工作。

第六条 城市燃气生产、储存、输配、经营单位应当指定一名企业负责人主管燃气安全工作,并设立相应的安全管理机构,配备专职安全管理人员；车间班组应当设立群众性安全组织和安全员，形成三级安全管理网络。单位用户应当确立相应的安全管理机构，明确专人负责。

第七条 城市燃气生产、储存、输配、经营单位应当严格遵守有关安全规定及技术操作规程，建立健全相应的安全管理规章制度，并严格执行。

第二章 城市燃气工程的建设

第八条 城市燃气厂（站）、输配设施等的选址，必须符合城市规划，消防安全等要求。在选址审查时，应当征求城建、劳动、公安消防部门的意见。

第九条 城市燃气工程的设计、施工，必须由持有相应资质证书的单位承担。

第十条 城市燃气工程的设计、施工，必须按照国家或主管部门有关安全的标准、规范、规定进行。审查燃气工程设计时，应当有城建、公安消防、劳动部门参加，并对燃气安全设施严格把关。

第十一条 城市燃气工程的施工必须保证质量、确保安全可靠。竣工验收时，应当组织城建、公安消防、劳动等有关部门及燃气安全方面的专家参加。凡验收不合格的，不准交付使用。

第十二条 城市燃气工程的通气作业，必须有严格的安全防范措施，并在燃气生产、储存、输配，经营单位和公安消防部门的监督配合下进行。

第三章 城市燃气的生产、储存和输配

第十三条 城市燃气生产单位向城市供气的压力和质量应当符合国家规定的标准，无臭燃气应当按照规定进行加臭处理。在使用发生炉、水煤气炉、油制气炉生产燃气及电捕焦油器时，其含氧量必须符合《工业企业煤气安全规程》的规定。

第十四条 对于制气和净化使用的原料，应当按批进行质量分析；原料品种作必要变更时，应当进行分析试验。凡达不到规定

指标的原料,不得投入使用。

第十五条 城市燃气生产、储存和输配所采用的各类锅炉、压力容器和气瓶设备,必须符合劳动部门颁布的有关安全管理规定,按要求办理使用登记和建立档案,并定期检验;其安全附件必须齐全、可靠,并定期校验。

凡有液化石油气充装单位的城市,必须设置液化石油气瓶定期检验站。气瓶定期检验站和气瓶充装单位应当同时规划、同时建设、同时验收运行。气瓶定期检验工作不落实的充装单位,不得从事气瓶充装业务。气瓶定期检验站须经省、自治区、直辖市人民政府劳动部门审查批准,并取得资格证书后,方可从事气瓶检验工作。

第十六条 城市燃气管道和容器在投入运行前,必须进行气密试验和置换。在置换过程中,应当定期巡回检查,加强监护和检漏,确保安全无泄漏。对于各类防爆设施和各种安全装置,应当进行定期检查,并配备足够的备用设备、备品备件以及抢修人员和工具,保证其灵敏可靠。

第十七条 城市燃气生产、储存、输配系统的动火作业应当建立分级审批制度,由动火作业单位填写动火作业审批报告和动火作业方案,并按级向安全管理部门申报,取得动火证后方可实施。在动火作业时,必须在作业点周围采取保证安全的隔离措施和防范措施。

第十八条 城市燃气生产、储存和输配单位应当按照设备的负荷能力组织生产、储存和输配。特殊情况确需强化生产时,必须进行科学分析和技术验证,并经企业总工程师或技术主管负责人批准后,方能调整设备的工艺参数和生产能力。

第十九条 城市燃气生产、储存、输配经营单位和管理部门必须制定停气、降压作业的管理制度,包括停气、降压的审批权限、申报程序以及恢复供气的措施等,并指定技术部门负责。

涉及用户的停气、降压工程,不宜在夜间恢复供气。除紧急事故外,停气及恢复供气应当事先通知用户。

第二十条 任何单位和个人严禁在城市燃气管道及设施上修筑建筑物、构筑物和堆放物品。确需在城市燃气管道及设施附近修筑建筑物、构筑物和堆放物品时，必须符合城市燃气设计规范及消防技术规范中的有关规定。

第二十一条 凡在城市燃气管道及设施附近进行施工，有可能影响管道及设施安全运营的，施工单位须事先通知城市燃气生产、储存、输配、经营单位，经双方商定保护措施后方可施工。施工过程中，城市燃气生产、储存、输配经营单位应当根据需要进行现场监护。施工单位应当在施工现场设置明显标志严禁明火，保护施工现场中的燃气管道及设施。

第二十二条 城市燃气生产、储存、输配经营单位应当对燃气管道及设施定期进行检查，发现管道和设施有破损、漏气等情况时，必须及时修理或更换。

第四章 城市燃气的使用

第二十三条 单位和个人使用城市燃气必须向城市燃气经营单位提出申请，经许可后方可使用。城市燃气经营单位应当建立用户档案，与用户签订供气、使用合同协议。

第二十四条 使用城市燃气的单位和个人需要增加安装供气及使用设施时，必须经城市燃气经营单位批准。

第二十五条 城市燃气经营单位必须制定用户安全使用规定，对居民用户进行安全教育，定期对燃气设施进行检修，并提供咨询等服务，居民用户应当严格遵守安全使用规定。

城市燃气经营单位对单位用户要进行安全检查和监督，并负责其操作和维修人员的技术培训。

第二十六条 使用燃气管道设施的单位和个人，不得擅自拆、改、迁、装燃气设施和用具，严禁在卧室安装燃气管道设施和使用燃气，并不得擅自抽取或采用其他不正当手段使用燃气。

第二十七条 用户不得用任何手段加热和摔、砸、倒卧液化石油气钢瓶，不得自行倒罐、排残和拆修瓶阀等附件，不得自行改换检验标记或瓶体漆色。

第五章 城市燃气用具的生产和销售

第二十八条 城市燃气用具生产单位生产实行生产许可制度的产品时,必须取得归口管理部门颁发的《生产许可证》,其产品受颁证机关的安全监督。

第二十九条 民用燃具的销售,必须经销售地城市人民政府城建行政主管部门指定的检测中心(站)进行检测,经检测符合销售地燃气使用要求,并在销售地城市人民政府城建行政主管部门指定的城市燃气经营单位的安全监督下方可销售。

第三十条 凡经批准销售的燃气用具,其销售单位应当在销售地设立维修站点,也可以委托当地城市燃气经营单位代销代修,并负责提供修理所需要的燃气用具零部件。城市燃气经营单位应当对专业维修人员进行考核。

第三十一条 燃气用具产品必须有产品合格证和安全使用说明书,重点部位要有明显的警告标志。

第六章 城市燃气事故的抢修和处理

第三十二条 城市燃气事故是指由燃气引起的中毒、火灾、爆炸等造成人员伤亡和经济损失的事故。

第三十三条 任何单位和个人发现燃气事故后,必须立即切断电源,采取通风等防火措施,并向城市燃气生产、储存、输配、经营单位报告。城市燃气生产、储存、输配、经营单位接到报告后,应当立即组织抢修。对于重大事故,应当立即报告公安消防、劳动部门和城市燃气生产、储存、输配、经营单位,并立即切断电源,迅速隔离和警戒事故现场,在不影响救护的情况下保护事故现场,维护现场秩序,控制事故发展。

第三十四条 城市燃气生产、储存、输配、经营单位必须设置专职抢修队伍,配齐抢修人员、防护用品、车辆、器材、通讯设备等,并预先制定各类突发事故的抢修方案,事故发生后,必须迅速组织抢修。

第三十五条　对于城市燃气事故的处理,应当根据其性质,分别依照劳动、公安部门的有关规定执行。对于重大和特别重大的城市燃气事故,应当在城市人民政府的统一领导下尽快做好善后工作,由城建、公安、劳动部门组成事故调查组,查清事故原因,按照有关法律、法规、规章的规定进行严肃处理,并向上报告。

第七章　奖励与处罚

第三十六条　对于维护城市燃气安全做出显著成绩的单位和个人,城市人民政府城建行政主管部门或城市燃气生产、储存、输配、经营单位应当予以表彰和奖励。

第三十七条　对于破坏、盗窃、哄抢燃气设施,尚不够刑事处罚的,由公安机关依照《中华人民共和国治安管理处罚条例》给予处罚;构成犯罪的,由司法机关依法追究其刑事责任。

第三十八条　对于违反本规定第二十条的,城市燃气生产、储存、输配、经营单位有权加以制止,并限期拆除违章设施和要求违章者赔偿经济损失。

第三十九条　对于违反本规定第二十一条、二十四条、二十六条、二十七条的,城市燃气生产、储存、输配、经营单位有权加以制止,责令恢复原状,对于屡教不改或者危及燃气使用安全的,城市燃气生产、储存、输配、经营单位可以报经城市人民政府城建行政主管部门批准后,采取暂停供气的措施,以确保安全。

第四十条　当事人对处罚决定不服的,可以依照《中华人民共和国行政诉讼法》的有关规定,申请复议或者向人民法院起诉。逾期不申请复议或者不向人民法院起诉,以不履行处罚规定的,由做出处罚决定的行政机关申请人民法院强制执行,或者依法强制执行。

第八章　附　　则

第四十一条　各省、自治区、直辖市人民政府建设行政主管部门可以会同劳动、公安部门根据本规定制订实施细则,报同级人民政府批准执行。

第四十二条 本规定由建设部负责解释。

第四十三条 本规定自一九九一年五月一日起施行。以前发布的有关规定,凡与本规定相抵触的,均按本规定执行。

燃气燃烧器具安装维修管理规定

(2000年1月21日建设部第73号令)

第一章 总 则

第一条 为了加强燃气燃烧器具的安装、维修管理,维护燃气用户、燃气供应企业、燃气燃烧器具安装、维修企业的合法权益,提高安装、维修质量和服务水平,根据《中华人民共和国建筑法》及国家有关规定,制定本规定。

第二条 从事燃气燃烧器具安装、维修业务和实施对燃气燃烧器具安装维修的监督管理,应当遵守本规定。

第三条 本规定所称燃气燃烧器具是指家用的燃气热水器具、燃气开水器具、燃气灶具、燃气烘烤器具、燃气取暖器具、燃气制冷器具等。

第四条 燃气燃烧器具的安装、维修应当坚持保障使用安全、维护消费者合法权益的原则。

第五条 国务院建设行政主管部门负责全国燃气燃烧器具安装、维修的监督管理工作。

县级以上地方人民政府建设行政主管部门或者委托的燃气行业管理单位(以下简称燃气管理部门)负责本行政区域内燃气燃烧器具安装、维修的监督管理工作。

第六条 国家鼓励推广燃气燃烧器具及其安装维修的新技术、新设备、新工艺,淘汰落后的技术、设备、工艺。

第二章 从业资格

第七条 从事燃气燃烧器具安装、维修的企业应当具备下列条件：

（一）有与经营规模相适应的固定场所、通讯工具；

（二）有4名以上有工程、经济、会计等专业技术职称的人员，其中有工程系列职称的人员不少于2人；

（三）有与经营规模相适应的安装、维修作业人员；

（四）有必备的安装、维修的设备、工具和检测仪器；

（五）有完善的安全管理制度。

省、自治区、直辖市人民政府建设行政主管部门应当根据本地区的实际情况,制定燃气燃烧器具安装、维修企业的资质标准,其条件不得低于前款的规定。

第八条 从事燃气燃烧器具安装、维修的企业,应当经企业所在地设区的城市人民政府燃气管理部门审查批准(不设区的城市和县,由省、自治区人民政府建设行政主管部门确定审查批准机构),取得《燃气燃烧器具安装维修企业资质证书》(以下简称《资质证书》),并持《资质证书》到工商行政管理部门办理注册登记后,方可从事安装、维修业务。

燃气管理部门应当将取得《资质证书》的企业向省级人民政府建设行政主管部门备案,并接受其监督检查。

取得《资质证书》的安装、维修企业由燃气管理部门编制《燃气燃烧器具安装维修企业目录》,并通过媒体等形式向社会公布。

第九条 燃气管理部门应当对燃气燃烧器具安装、维修企业进行资质年检。

第十条 燃气燃烧器具安装、维修企业中直接从事安装、维修的作业人员,取得燃气管理部门颁发的《职业技能岗位证书》(以下简称《岗位证书》),方可从事燃气燃烧器具的安装、维修业务。

第十一条 从事燃气燃烧器具安装、维修的人员,有下列情况之一的,燃气管理部门应当收回其《岗位证书》：

(一) 停止安装、维修业务一年以上的；
(二) 违反标准、规范进行安装、维修的；
(三) 欺诈用户,乱收费的。

第十二条 燃气燃烧器具安装、维修人员应当在一个单位执业,不得以个人名义承揽燃气燃烧器具安装、维修业务。

第十三条 《资质证书》和《岗位证书》的格式由国务院建设行政主管部门制定。

第十四条 任何单位和个人不得伪造、涂改、出租、借用、转让、出卖《资质证书》或者《岗位证书》。

第三章 安装维修

第十五条 燃气燃烧器具的安装、改装、迁移或者拆除,应当由持有《资质证书》的燃气燃烧器具安装企业进行。

第十六条 燃气燃烧器具安装企业受理用户安装申请时,不得限定用户购买本企业生产的或者其指定的燃气燃烧器具和相关产品。

第十七条 安装燃气燃烧器具应当按照国家有关的标准和规范进行,并使用符合国家有关标准的燃气燃烧器具安装材料和配件。

第十八条 对用户提供的不符合标准的燃气燃烧器具或者提出不符合安全的安装要求时,燃气燃烧器具安装企业应当拒绝安装。

第十九条 燃气燃烧器具安装企业应当在家用燃气计量表后安装燃气燃烧器具,未经燃气供应企业同意,不得移动燃气计量表及表前设施。

第二十条 燃气燃烧器具安装完毕后,燃气燃烧器具安装企业应当进行检验。检验合格的,检验人员应当给用户出具合格证书。

合格证书应当包括燃气燃烧器具安装企业的名称、地址、电话、出具时间等内容,并盖有企业公章,检验人员应当在合格证书上签名。

第二十一条 未通气的管道燃气用户安装燃气燃烧器具后,还应当向燃气供应企业申请通气验收。通气验收合格后,方可通气使用。

通气验收不合格,确属安装质量问题的,原燃气燃烧器具安装企业应当免费重新安装。

第二十二条 燃气燃烧器具的安装应当设定保修期,保修期不得低于1年。

第二十三条 从事燃气燃烧器具维修的企业,应当是燃气燃烧器具生产企业设立的,或者是经燃气燃烧器具生产企业委托设立的燃气燃烧器具维修企业。

委托设立的燃气燃烧器具维修企业应当与燃气燃烧器具生产企业签订维修委托协议。

第二十四条 燃气燃烧器具维修企业接到用户报修后,应当在24小时内或者在与用户约定的时间内派人维修。

第二十五条 燃气燃烧器具的安装、维修企业对本企业所安装、维修的燃气燃烧器具负有指导用户安全使用的责任。

第二十六条 从事燃气燃烧器具安装、维修的企业,应当建立健全管理制度和规范化服务标准。

第二十七条 燃气燃烧器具的安装、维修企业,应当按照规定的标准向用户收取费用。

第二十八条 燃气燃烧器具安装、维修企业应当建立用户档案,定期向燃气管理部门报送相关报表。

第二十九条 任何单位和个人发现燃气事故后,应当立即切断气源,采取通风、防火等措施,并向有关部门报告。有关部门应当按照《城市燃气安全管理规定》和《城市燃气管理办法》等规定对事故进行调查。确属燃气燃烧器具安装、维修原因的,应当按照有关规定对燃气燃烧器具安装、维修企业进行处理。

第四章 法律责任

第三十条 燃气燃烧器具安装、维修企业违反本规定,有下列行为之一的,由燃气管理部门吊销《资质证书》,并可处以1万元以上3万元以下罚款:

(一) 伪造、涂改、出租、借用、转让或者出卖《资质证书》;

(二) 年检不合格的企业,继续从事安装、维修业务;

(三) 由于燃气燃烧器具安装、维修原因发生燃气事故;

(四) 未经燃气供应企业同意,移动燃气计量表及表前设施。

燃气管理部门吊销燃气燃烧器具安装、维修企业《资质证书》后,应当提请工商行政管理部门吊销其营业执照。

第三十一条 燃气燃烧器具安装、维修企业违反本规定,有下列行为之一的,由燃气管理部门给予警告,并处以1万元以上3万元以下罚款:

(一) 限定用户购买本企业生产的或者其指定的燃气燃烧器具和相关产品;

(二) 聘用无《岗位证书》的人员从事安装、维修业务。

第三十二条 燃气燃烧器具安装、维修企业没有在规定的时间内或者与用户约定的时间安装、维修的,由燃气管理部门给予警告,并可处以3000元以下的罚款。

第三十三条 无《资质证书》的企业从事燃气燃烧器具安装、维修业务的,由燃气管理部门处以1万元以上3万元以下的罚款。

第三十四条 燃气燃烧器具安装、维修企业的安装、维修人员违反本规定,有下列行为之一的,由燃气管理部门给予警告、并处以5000元以下的罚款:

(一) 无《岗位证书》,擅自从事燃气燃烧器具的安装、维修业务;

(二) 以个人名义承揽燃气燃烧器具的安装、维修业务。

第三十五条 由于燃气燃烧器具安装、维修的原因造成燃气事故的,燃气燃烧器具安装、维修企业应当承担相应的赔偿责任。

第三十六条 燃气管理部门工作人员严重失职、索贿受贿或者侵害企业合法权益的,给予行政处分;构成犯罪的,依法追究刑事责任。

第五章 附 则

第三十七条 本规定由国务院建设行政主管部门负责解释。

第三十八条 本规定自2000年3月1日起施行。

二、地方性建筑燃气法规、文件

广东省燃气管理条例

(1997年7月26日广东省第八届人民代表大会常务委员会第三十次会议通过 1997年8月2日公布 1997年12月1日起施行)

第一章 总 则

第一条 为加强对燃气的管理,规范经营和使用燃气行为,保障社会和人民生命财产安全,以及经营者、使用者的合法权益,促进燃气事业的健康发展,根据有关法律、法规,结合本省实际,制定本条例。

第二条 本省行政区域内燃气的规划、建设和贮存、输配、经营、使用及其管理,适用本条例。

第三条 省、市、县人民政府建设行政主管部门(以下简称"主管部门")负责本行政区域内燃气行业的监督管理和本条例的组织实施。

政府的其他有关行政管理部门在各自职责范围内做好燃气的管理工作。

第四条 各级人民政府应当将燃气的发展纳入城市总体规划及国民经济和社会发展计划,并对燃气实行统一规划和管理。

第二章 规划与建设管理

第五条 燃气专项规划由主管部门组织编制。编制燃气专项规划时,应当征求公安消防、劳动、环境保护等有关部门的意见。

第六条 燃气建设必须符合城市燃气专项规划,执行有关法律、法规以及国家和省的技术标准、规范、规程。

第七条 燃气工程的设计和施工,应当由具有相应资质等级的设计和施工单位承担。

第八条 高层民用建筑的燃气管道、设施,应当与主体工程同时设计、同时施工、同时交付使用。

已有管道燃气的地区,对尚未安装燃气管道的高层民用建筑,应当安装燃气管道并使用管道燃气。

无管道燃气的地区,对已有的高层民用建筑,应当安装集中的管道供气装置。

第九条 城市新区开发和旧区改造时,应当依照燃气专项规划,配套建设燃气设施。

第十条 新建、改建、扩建燃气工程项目,应当经主管部门会同有关部门按规定的权限审查同意。

任何单位和个人无正当理由不得阻挠经批准的公共管道燃气工程项目的施工安装。

第十一条 燃气工程项目完工后,由主管部门组织有关部门验收合格,方可交付使用。

第十二条 燃气工程的建设资金必须专款专用,并接受财政、物价、审计部门的监督。

第三章 燃气的经营管理

第十三条 同一城市的管道燃气实行统一经营;瓶装燃气实行多家经营。

第十四条 设立燃气经营企业(含管道燃气和瓶装燃气经营企业,下同)应当符合下列条件:

(一) 有稳定的、符合标准的燃气来源;

(二) 有符合国家规范要求的储存、输配、充装设施;

(三) 有与燃气经营规模相适应的自有资金;

(四) 有固定的、符合安全条件的经营场所;

(五) 有相应资格的专业管理人员和技术人员;

(六) 有健全的安全管理制度和企业内部管理制度;

(七) 有与供气规模相适应的抢险抢修人员、设备和交通工具,或者已委托当地具备抢险抢修条件的单位负责抢险抢修;

(八) 法律、法规和国家燃气企业资质标准规定的其他条件。

第十五条 具备第十四条规定条件需从事燃气经营的,应当向当地主管部门申请,经地级市以上的主管部门依规定的权限审查合格,取得燃气企业资质证书。

燃气经营企业设立燃气分销机构(含销售网点),应当符合第十四条第(二)、(四)、(五)、(六)、(七)、(八)项规定的条件,向分销机构所在地的主管部门申领燃气经营许可证。其中,成片管道供气和有贮存、输配燃气业务的分销机构,其燃气经营许可证由地级市以上的主管部门依规定的权限核发。

燃气企业资质证书和燃气经营许可证实行年审制度。未经年审或者年审不合格的,不得继续从事燃气经营活动。

禁止出租、出借、转让燃气企业资质证书和燃气经营许可证。

第十六条 自建燃气设施供本单位使用的,应当具备第十四条第(二)、(五)、(六)、(七)、(八)项规定的条件,并应当向主管部门领取燃气使用许可证后,方可运行。

燃气使用许可证实行年审制度。未经年审或者年审不合格的,其燃气设施不得运行。

只持有燃气使用许可证的单位,不得对外经营燃气。

第十七条 管道燃气经营企业应当在批准的供气区域内开展供气业务,并根据供气区内社会发展计划和燃气专业规划,及时调整燃气供应量,保证安全稳定供气,不得出现燃气供应不足和停气。

第十八条 管道燃气经营企业不得拒绝给供气区内符合供气和用气条件的单位和个人供气。

第十九条 燃气经营企业应当保证燃气的热值、组分、嗅味、压力等质量要求符合国家和省规定的标准。

未经国家和省的主管部门组织劳动部门、公安消防部门、环境保护部门、卫生部门、技术监督部门及其他有关部门和专家鉴定合格的新型复合气体燃料,不得作为民用燃料使用。

第二十条 管道燃气经营企业因施工、检修等原因停止供气、降压供气影响用户正常使用燃气的,除紧急情况外,应当提前二十四小时通知用户;连续停止供气四十八小时以上的,除不可抗力外,应当赔偿用户因此所受到的损失。具体赔偿办法由双方在供气用气合同中约定。

第二十一条 燃气企业的技术人员和安全人员,应当经考核合格,方可上岗。

第二十二条 燃气经营企业中止或者终止经营活动,应当提前九十日向原批准成立的主管部门提出申请。在不影响正常供气时,主管部门方可批准。

第二十三条 从事瓶装燃气充气的燃气经营企业不得有下列行为:

(一) 经过期未检测的钢瓶或者报废的钢瓶充装燃气;
(二) 给残液量超过规定的钢瓶充装燃气;
(三) 超过国家的允差范围给钢瓶充装燃气;
(四) 用槽车直接向钢瓶充装燃气;
(五) 给不符合国家标准的钢瓶充装燃气;
(六) 给未取得燃气经营许可证的经营者提供气源。

第二十四条 燃气价格的确定和调整,由主管部门和物价部门审核,报同级人民政府批准后公布施行。

燃气经营中的服务性收费,应当经主管部门审核,物价部门批准,向社会公布后施行。

第二十五条　管道燃气经营企业应当设置用户联系电话和抢险抢修电话,并向社会公布。抢险抢修电话应当有专人每天二十四小时值班。

第四章　燃气的使用管理

第二十六条　使用管道燃气的用户,应当向当地管道燃气经营企业提出申请,管道燃气经营企业对具备供气和用气条件的用户,自完成管道安装之日起二十日内应当予以通气。逾期不予通气的,主管部门自接到投诉之日起五日内,应当责令其向用户免费提供瓶装燃气和相应的燃气用具,直至通气为止。

管道燃气经营企业应当建立用户档案,与用户用统一合同文本签订供气用气合同,明确双方的权利和义务。

第二十七条　管道燃气用户需扩大用气范围,改变燃气用途和过户,安装、改装、拆迁固定的燃气设施和燃气器具,应当到管道燃气经营企业申请办理手续。

第二十八条　管道燃气的用气量,应当以法定的计量检测机构依法认可的燃气计量装置的记录为准。

用户对燃气计量装置准确度有异议的,可以向供气的管道燃气经营企业申请测试,管道燃气经营企业在接到申请之日起三日或者与用户约定的时间内,由法定的计量检测机构测试。

经测试的燃气计量装置,其误差在法定范围内的,测试费用由用户支付,其误差超过法定范围的,测试费用由管道燃气企业支付,并由管道燃气企业更换合格的燃气计量装置。

用户对测试结果有异议的,可以向技术监督部门投诉。

使用超过法定误差范围的燃气计量装置的用户,其在申请之日前二个月的燃气费,按测试误差调整后收取。

第二十九条　管道燃气用户应当在接到管道燃气经营企业通知之日起七日内缴交燃气费;逾期不交的,管道燃气企业可以从逾期之日起每日对从事生产经营的用户收取应交燃气费1%的滞纳金,对其他用户收取应交燃气费3‰的滞纳金;连续两次抄表不交纳燃气费的用户,管道燃气经营企业可以对其中止供气。用户再申请用气时,必须缴清所欠燃气费和滞纳金。

第三十条 用户有权就燃气经营的收费和服务向燃气经营企业查询,可以向有关行政部门、组织投拆;有关行政部门应当自接到投诉之日起十五日内予以答复。

第五章 燃气的安全管理

第三十一条 建设单位在燃气管道安全保护范围内进行施工作业,应当在开工前十五日通知燃气企业,施工单位的保护措施得到燃气企业的认可后,方可施工。施工时,燃气企业可以派人到施工现场监护。

施工单位进行施工时,应当在现场设置严禁火种的标志。

第三十二条 燃气企业应当建立安全责任制,健全燃气安全保障体系,制定用户安全用气规定,向用户发放安全用气手册,进行安全宣传教育。

燃气用户应当遵守安全用气规定,依照规则使用燃气。

第三十三条 燃气企业应当在管道燃气设施所在地的建筑物及重要设施上设置明显的警示标志。

在燃气管道和设施的安全保护范围内,不得进行危害燃气设施的活动,不得擅自移动、涂改、覆盖或者拆除燃气设施统一标志。

第三十四条 燃气企业应当至少每年检查二次燃气管道和设施,并建立完整的检查档案,发现事故隐患,应当及时排除。

第三十五条 禁止在燃气管道及设施上修筑建筑物、构筑物和堆放物品。

第三十六条 用户不得有下列行为:

(一)在浴室和密封室内安装直排式热水器;

(二)在卧室内使用管道燃气;

(三)用明火试验是否漏气;

(四)偷用管道燃气;

（五）加热、摔砸钢瓶或者在使用燃气时倒卧钢瓶；

（六）自行清除钢瓶内的残液；

（七）用钢瓶与钢瓶互相过气；

（八）自行改换钢瓶的检验标志和漆色；

（九）自行安装、改装、拆装燃气管道、计量装置和燃气器具；

管道燃气经营企业工作人员入户抄表、维修燃气设施和安全检查时应当出示身份证明。用户经核实后，连续三次无正当理由不准管道燃气经营企业的工作人员入户的，管道燃气经营企业可以中止供气。

第三十七条　燃气贮存、输配所使用的压力容器、钢瓶和有关安全附件，经依法成立的压力容器检验机构检测合格，劳动行政主管部门核发使用许可证后，方可使用。

钢瓶内的残液应当由从事充装瓶装燃气的燃气经营企业指定专人负责清除；未按规定清除残液造成质量问题的，由燃气经营企业负责。

第三十八条　从事燃气运输的机动车辆，应当到公安消防部门申请并领取准运证后方可运输。

第三十九条　除消防等紧急情况外，未经燃气企业同意，任何人不得开启或者关闭燃气管道上的公共阀门。

第四十条　任何单位和个人发现燃气设施和燃气器具损坏、燃气泄漏或者由燃气引起的中毒、火灾、爆炸等造成的人员伤亡和经济损失事故，应当立即通知燃气经营企业以及医疗、消防部门。

燃气企业接到报告后，应当立即组织抢险抢修，因玩忽职守，造成用户直接损失的，应当承担赔偿责任。

第四十一条　抢修管道燃气影响市政设施的运作或者需要中断电力、通信，以及损坏其他设施时，可采取应急措施，并及时通知有关部门。事后，由燃气企业承担维修责任或者负责补偿。

第四十二条　燃气事故的处理，应当依照有关安全事故方面的法律、法规的规定处理。

第四十三条　燃气器具应当附有产品合格证和安全使用说明

书。适用于非液化石油气的器具,应经法定的检测机构对其气源适配性进行检测,符合当地燃气使用要求的,方可销售。

燃气经营企业不得强制用户购买其指定的燃气器具。

第六章 法律责任

第四十四条 违反本条例规定,给他人造成损失的,责任人应当赔偿;构成犯罪的,依法追究刑事责任。

第四十五条 违反本条例第七条规定的,由主管部门责令停止违法行为,对建设单位处以该项工程投资预算千分之五以上百分之一以下的罚款,对设计单位处以约定收费二倍的罚款,对施工单位处以工程承包额百分之五以上百分之十以下的罚款。

第四十六条 违反本条例第十条第一款规定的,由主管部门责令停工,限期补办手续,并处以投资预算千分之五的罚款。

违反本条例第十条第二款规定的,主管部门可以给予警告;情节严重的,可以处以个人五百元以上一千元以下、单位二万元以上五万元以下的罚款。

第四十七条 违反本条例第十一条规定的,由主管部门责令停止使用,由此所造成的损失,由燃气企业承担。

第四十八条 违反本条例第十五条第一款、第二款、第四款规定的,由主管部门责令其停止违法经营活动,没收违法所得和非法财物,并处以违法所得一倍以上三倍以下的罚款。

第四十九条 违反本条例第十六条第一款规定的,由主管部门责令停止运行。

违反本条例第十六条第三款规定的,由主管部门责令停止违法行为,没收违法所得,并可以处以违法所得一倍以上三倍以下的罚款。

第五十条 违反本条例第十七条、第十八条、第十九条第一款、第二十条规定的,由主管部门责令限期改正,给予警告;情节严重的,处以二万元以上五万元以下的罚款。

违反本条例第十九条第二款规定的,由主管部门责令停止经营,没收违法所得,并处以违法所得三倍以上五倍以下的罚款。

第五十一条　违反本条例第二十三条规定之一的,由主管部门责令改正,给予警告;情节严重的,处以一万元以上五万元以下的罚款。

第五十二条　违反本条例第二十七条、第三十二条第二款、第三十六条第一款之一和第三十九条规定的,由主管部门责令改正,给予警告;情节严重的,处以三百元以上一千五百元以下的罚款。

第五十三条　违反本条例第三十一条规定的,由主管部门责令停止施工,限期改正,可以处以五千元以上一万元以下的罚款;情节严重的,处以五万元以上十万元以下的罚款。

第五十四条　违反本条例第三十二条第一款、第三十三条第一款、第三十四条规定的,由主管部门责令改正,可以处以一万元以上五万元以下的罚款。

违反本条例第三十三条第二款规定的,由主管部门责令限期改正,可以处以一千元以上三千元以下的罚款。

第五十五条　违反本条例第三十五条规定的,由主管部门责令其予以清除,可以处以三千元以上一万元以下的罚款;情节严重的,处以五万元以上十万元以下的罚款。

第五十六条　违反本条例第四十三条第二款规定的,由省或者地级市的主管部门责令其停止违法行为,可以根据情节处以五万元以上二十万元以下的罚款,借此销售质次价高燃气器具的,应当没收违法所得,可以处以违法所得一倍以上三倍以下的罚款。

第五十七条　主管部门和其他有关行政管理部门工作人员玩忽职守、滥用职权、徇私舞弊、索贿受贿的,依法追究行政责任;构成犯罪的,依法追究刑事责任。

第五十八条　当事人对主管部门和其他有关行政管理部门作出的处罚不服的,可按《行政复议条例》的规定申请复议,也可以直接向人民法院起诉。

当事人在处罚决定书送达之日起十五日内既不申请复议,也不向人民法院起诉,又不执行处罚决定的,作出处罚决定的机关可以申请人民法院强制执行。

第七章 附 则

第五十九条 本条例所称燃气,是指供给居民生活、公共建筑和生产(不含发电)等用于燃烧的天然气、液化石油气、人工煤气和其他气体燃烧。

本条例所称燃气企业,是指燃气经营企业和持有燃气使用许可证的自供气企业。

本条例所称高层民用建筑,是指十层及十层以上的住宅建筑和建筑高度超过二十四米的其他民用建筑。

本条例所称燃气工程,是指燃气的贮存、输配设施和管道燃气供气设施的新建、扩建、改建工程。

第六十条 广州市的燃气主管部门由广州市人民政府确定。

第六十一条 本条例自1997年12月1日起施行。

上海市燃气管理条例

(1999年1月22日上海市第十一届人民代表大会常务委员会第八次会议通过)

第一章 总 则

第一条 为了加强本市的燃气管理,维护燃气用户、燃气生产企业和燃气销售企业的合法权益,保障社会公共安全,促进燃气事业发展,制定本条例。

第二条 本条例所称燃气,是指人工煤气、天然气、液化石油气(以下简称液化气)等气体燃气料。

第三条 本条例适用于本市行政区域内燃气发展的规划,燃气工程的建设,燃气的生产、销售、使用,燃气设施的保护,燃气器具的生产、销售、安装、维修,以及相关的管理活动。

第四条 上海市公用事业管理局(以下简称市公用局)是本市燃气行政主管部门,负责本条例的组织实施;其所属的上海市燃气管理处(以下简称市燃气管理处)负责本市燃气行业的日常管理和监督,并依照本条例的授权实施行政处罚。

南汇县、奉贤县、青浦县、崇明县和浦东新区、闵行区、宝山区、嘉定区、金山区、松江区(以下简称县、区)燃气行政管理部门,根据本条例的规定,负责本县(区)供气范围内的燃气管理,业务上受市公用局领导。

本市有关管理部门按照各自职责,协同实施本条例。

第五条 本市普及燃气使用,推广清洁能源,促进燃气科技进步,保护和改善大气环境。

本市燃气事业的发展,实行统筹规划、公平竞争和多种气源协调平衡、结构优化的原则。

本市燃气行业的管理,实行安全第一、保障供应、规范服务和节能高效的原则。

第二章 规划和建设管理

第六条 市和县(区)人民政府应当将燃气事业的发展纳入国民经济和社会发展计划。

市公用局根据本市城市建设和经济发展的实际需要,编制燃气发展规划,经市规划部门综合平衡后,纳入地市总体规划。

第七条 新建、扩建开发区或者居住区,成片改造地区,新建、改建、扩建大型建设项目,应当按照燃气发展规划和地区详细规划,同时配套建设相应的燃气设施或者预留燃气设施配套建设用地。

预留的燃气设施配套建设用地,未经法定程序调整规划,不得改变用途。

第八条 新建、改建、扩建燃气工程项目,应当符合燃气发展规划,经市公用局审核同意,按照国家和本市规定的建设项目审批程序报有关部门批准后实施。

第九条 建设单位应当委托持有相应资质证书的设计、施工单位进行燃气工程的设计、施工。禁止无证或者超越资质证书规定的经营范围从事燃气工程的设计、施工。

燃气工程的设计、施工,应当按照国家和本市的有关技术标准和规范进行。

住宅设计时,应当将燃气计量表的安装位置设置在住宅单元外的共用部位,但相关设计条件不具备的除外。

第十条 燃气工程建设选用的设备、材料,应当符合国家标准、行业标准或者本市标准。

第十一条 燃气工程竣工后,应当根据工程规模,按照国家和本市的有关规定进行验收;组织验收的单位应当通知市公用局参加。

未经验收或者验收不合格的燃气工程,不得交付使用。

第三章 经营资质管理

第十二条 从事燃气经营活动的生产企业、销售企业应当取得国家有关部门或者市公用局颁发的资质证书。

生产企业取得市公用局颁发的资质证书应当具备下列条件:

(一)有符合标准的生产、净化、储存、输配燃气的设备和燃气质量检测、燃气计量、消防、安全保护、环境保护等设施;

(二)有持续、稳定生产符合标准的燃气的能力;

(三)有防泄漏、防火、防爆安全管理制度;

(四)有与燃气生产规模相适应的专业技术人员。

销售企业取得市公用局颁发的资质证书应当具备下列条件:

(一)有符合标准的储存、充装、输配燃气的设备和燃气质量检测、燃气计量、消防、安全保护等设施;

(二)有来源稳定和符合标准的燃气气源;

(三)有供应相当于五千户以上居民用户正常使用燃气的经营能力;

(四)有防泄漏、防火、防爆安全管理制度;

（五）有与煤气供应规模相适应的专业技术人员；
（六）有经市公用局考核合格的专业服务人员。

市公用局应当自受理生产企业、销售企业的资质申请之日起六十日内作出审批决定。

第十三条 燃气销售企业设立燃气供气站点，应当取得市燃气管理处颁发的供气许可证。

燃气供气站点（含燃气机动车加气站，下同）取得供气许可证应当具备下列条件：

（一）有符合标准的固定站点设施；
（二）有符合标准的燃气计量、消防、安全保护等设施；
（三）有防泄漏、防火、防爆安全管理制度；
（四）有符合规定的营业制度；
（五）有经市公用局考核合格的专业服务人员。

燃气机动车加气站除具备前款规定的条件外，还应当有符合标准的燃气储存、充装等设备。

市燃气管理处应当自受理燃气销售企业设立燃气供气站点的申请之日起三十日内作出审批决定。

第十四条 市公用局对燃气生产企业、燃气销售企业的资质每三年进行一次复审，符合条件的，予以换发资质证书，市燃气管理处对燃气供气站点的供气许可证每年进行一次复审，符合条件的，予以换发供气许可证。经复审不符合条件的，不得继续从事燃气经营活动。

第十五条 燃气生产企业、燃气销售企业合并或者分立的，应当重新办理资质申请。

燃气生产企业、燃气销售企业歇业的，应当在歇业的九十日前，书面报告市公用局，落实有关用户继续用气的相关措施后，向市公用局办理资质证书的注销手续。

第四章　供气用气管理

第十六条 燃气销售企业与燃气生产企业应当按照确保产销

基数、平等互利和协调一致的原则,订立煤气产销合同。人工煤气、天然气销售企业与生产企业经协商达不成产销合同,可能影响正常供气的,市或者县(区)人民政府可以协调决定。

第十七条 人工煤气、天然气销售企业应当根据产销合同和用户的实际需要,对人工煤气、天然气的生产供应实施日常调度;人工煤气、天然气生产企业应当根据销售企业的日常调度组织生产。

人工煤气、天然气销售企业与生产企业在日常调度中产生争议的,由市燃气管理处或者县(区)燃气行政管理部门协调处理,人工煤气、天然气销售企业与生产企业应当服从。

人工煤气、天然气销售企业因不可抗力或者重大突发性事故无法正常实施日常调度时,由市或者县(区)人民政府指定的机构下达应急调度指令,人工煤气、天然气生产企业应当服从,不得以任何理由拒绝或者拖延。

执行应急调度指令造成人工煤气、天然气生产企业损失的,市或者县(区)人民政府应当予以适当补偿。

第十八条 燃气生产企业、燃气销售企业应当确保生产和供应的燃气质量符合标准。

燃气销售企业应当确保燃气压力、燃气气瓶的充装重量符合标准。

市燃气管理处应当对燃气的成分、热值、压力和燃气气瓶的充装重量进行监测。

第十九条 燃气销售企业对其供气范围内的单位和个人有供气的义务,但供气条件不具备的除外。

燃气销售企业受理用气申请时,不得限定用户购买本企业或者其指定的单位生产、销售的燃气器具和相关产品,不得限定用户委托本企业或者其指定的安装单位安装燃气器具。

第二十条 燃气销售企业受理用气申请后,应当根据国家法律、法规的规定与用户订立供气合同。

第二十一条 燃气生产企业、燃气销售企业及其燃气站点不得向无资质证书、无供气许可证的单位和个人供应用于销售的燃气。

第二十二条 燃气销售企业不得擅自关闭或者迁移燃气供应站点。因实际经营状况或者用户需求状况发生较大变化,确需关闭或者迁移的,应当对有关用户的燃气供应事宜作出妥善安排,并经市燃气管理处审核批准。

第二十三条 燃气销售企业应当按照燃气质量、压力和计量标准,向用户不间断供气;燃气销售与单位用户的供气合同另有约定的,从其约定。

因燃气工程施工或者燃气设施维修等情况,确需暂停供气或者降低燃气压力的,燃气销售企业应当在三日前予以公告,需在较大范围暂停供气或者降低燃气压力的,燃气销售企业应当事先报市公用局或者县(区)燃气行政管理部门批准。

因不可抗力或者煤气设施抢修等紧急情况,确需暂停供气或者降低燃气压力的,燃气销售企业应当立即通知用户,同时向市公用局或者县(区)燃气行政管理部门报告,并采取不间断抢修措施,恢复正常供气。

第二十四条 用户应当安全用气,节约用气。

禁止任何单位和个人的下列行为:

(一)在燃气输配管网上直接安装燃气器具或者采用其他方式盗用燃气;

(二)擅自改装、迁移或者拆除燃气设施;

(三)擅自变更燃气用途;

(四)其他危及公共安全的用气行为。

第二十五条 燃气计量表和燃气计量表出口前的管道及其附属设施,由燃气销售企业负责维护和更新,用户应当给予配合,燃气计量表出口后的管道及其附属设施,由用户负责维护和更新。

燃气销售企业应当每两年对燃气计量表出口后的管道及其附属设施进行一次安全检查,并对用户安全用气给予技术指导。

燃气销售企业发现用户违反安全用气规定的,应当予以劝阻、制止、提出改正意见。

第二十六条 燃气销售企业应当公布报修电话号码。燃气销售企业接到用户报修后,应当在规定的期限或者与用户约定的时间内派人到现场维修;对燃气泄漏的,应当立即派人到现场抢修。

第二十七条 燃气价格及服务收费项目和收费标准,应当按照价格法律、法规的有关规定执行。

用户应当按时支付燃气使用费。逾期不支付的,燃气销售企业可以按日加收应支付款额千分之三的滞纳金,逾期六个月仍不支付的,经市公用局或者县(区)燃气行政管理部门审核批准,燃气销售企业可以中止供气,但应当在中止供气的十五日以前书面通知用户。

禁止燃气销售企业的下列收费行为:

(一)不按照规定的价格标准向用户收取燃气使用费或者相关的服务费;

(二)向用户收取未经物价部门批准的费用;

(三)未受用户委托,自行提供费用并收费。

第二十八条 市燃气管理处、县(区)燃气行政管理部门、新闻单位及燃气销售企业,应当定期进行安全和节约使用燃气的公益性宣传。

第五章 燃气器具管理

第二十九条 本市推广使用安全节能型的燃气器具。凡不具有安全保护装置的燃气器具,在规定的期限满后,应当停止销售。

第三十条 本市生产燃气器具,应当取得产品生产许可证或者准产证。

第三十一条 本市销售的燃气器具,应当经市燃气管理处审核后,列入《上海市燃气器具产品准许销售目录》(以下简称《准许销售目录》)。《准许销售目录》由市煤气管理处每年公布一次。

列入《准许销售目录》的燃气器具,应当贴置准许销售标志。

未列入《准许销售目录》或者未贴置准许销售标志的燃气器

具,不得在本市销售或者为销售而陈列。

第三十二条 燃气器具的安装单位和安装人员应当经市燃气管理处审核合格后,方可从事安装业务。

市燃气管理处对燃气器具安装单位的资质每年复审一次,并予以公布。

用户应当委托具有资质的安装单位安装燃气器具。市燃气管理处应当向用户提供相关的咨询服务。

燃气器具的安装单位对未列入《准许销售目录》的燃气器具应当拒绝安装。

第三十三条 燃气销售企业应当根据用户要求,对已经安装的燃气器具的安全使用性能进行检测,在检测过程中发现燃气器具安装质量不符合规定要求的,应当及时检修。

有关的检修费用由用户承担,用户可以要求其委托的安装单位承担。

第三十四条 燃气器具的生产企业、销售企业应当设立或者指定产品维修站点,向用户提供维修服务。

燃气器具的维修站点和维修人员应当经市燃气管理处审核合格后,方可从事维修业务。

市燃气管理处对燃气器具维修站点的资质每年复审,并予以公布。

第六章 设施安全保护事故处理

第三十五条 燃气销售企业应当在重要的燃气设施所在地,设置醒目、统一的安全识别标志。

禁止单位和个人擅自移动、覆盖、拆除或者损坏燃气设施的安全识别标志。

第三十六条 在燃气设施的安全保护范围内,禁止从事下列活动:

(一)建造建筑物或者构筑物;

(二)堆放物品或者排放腐蚀性液体、气体;

（三）未经批准开挖沟渠、挖坑取土或者种植深根作物；

（四）未经批准打桩或者顶进作业；

（五）其他损坏燃气设施或者危害燃气设施安全的活动。

燃气设施的安全保护范围，由市公用局会同市规划、公安、市政等管理部门确定。

对占压燃气输配管道的建筑物或者构筑物，区、县人民政府可以组织规划管理部门、市燃气管理处或者县(区)燃气行政管理部门拆除，所需费用由违法建设的单位或者个人负担。

第三十七条 在燃气输配管道的上下或者两侧埋设其他地下管线的，应当符合有关技术标准和规范，并遵守管线工程规划和施工管理的有关规定。

建设工程开工前，建设单位或者施工单位应当向燃气销售企业查明地下燃气设施的相关情况，燃气销售企业应当在三日内给予书面答复。

建设工程施工可能影响燃气设施安全的，建设单位或者施工单位应当与燃气销售企业协商采取相应的安全保护措施。

第三十八条 用户需改装、迁移或者拆除燃气计量表出口后的管道及其附属设施的，应当委托具有资质的燃气器具安装单位或者燃气销售企业实施。

因建设工程施工确需改装、迁移或者拆除重要的燃气设施的，建设单位应当在申请建设工程规划许可证前，报市公用局审批；经审核批准的，建设单位或者施工单位应当会同燃气销售企业采取相应的补救措施。

第三十九条 燃气销售企业选用的燃气贮罐、气瓶和调压器应当符合规定的标准，并按照压力容器管理的有关规定定期检修和更新。

禁止燃气销售企业用燃气贮罐、槽车罐体直接充装燃气气瓶。

燃气销售企业应当将燃气气瓶中的满瓶和空瓶分别存放；发现漏气瓶、超重瓶等不符合规定的燃气气瓶，应当妥善处置，不得放入瓶库。

燃气销售企业应当在供气站点设置报警装置,执行安全管理制度。

燃气运输应当符合危险品运输的规定。

第四十条 燃气生产企业、燃气销售企业应当建立燃气设施巡查制度,并制定燃气事故的应急处理预案,报市公用局备案。

发生燃气事故时,燃气生产企业、燃气销售企业应当根据应急处理预案,迅速采取相关的安全措施,组织抢修,并不间断作业,直至抢修完毕。

燃气设施抢修时,有关单位和个人应当给予配合,不得以任何理由阻挠或者干扰抢修工作的进行。

第四十一条 燃气事故造成人员伤亡、财产损失的,由公安部门、市燃气管理处或者县(区)燃气行政管理部门按照各自职责勘查事故现场,调查取证,并确定事故原因和责任。

有关当事人对燃气事故原因和责任的认定有争议的,可以提请事故鉴定委员会鉴定。事故鉴定委员会组成人员由市人民政府确定。

第七章 法律责任

第四十二条 燃气事故的有关当事人按照下列规定承担损害责任:

(一)因燃气用户自身的过错造成燃气事故的,由燃气用户自行承担损害责任;造成他人伤亡、财产损失的,有过错的燃气用户应当依法承担损害赔偿责任。

(二)因燃气器具产品质量或者安装质量不符合安全要求造成燃气事故的,燃气器具生产企业、销售企业或者安装单位应当依法承担损害赔偿责任。

(三)因燃气生产、销售作业造成人员伤亡、财产损失的,燃气生产企业、燃气销售企业应当依法承担损害赔偿责任;工伤事故按照国家有关规定处理。

(四)因第三人的过错造成燃气事故的,第三人应当依法承担损害赔偿责任。

（五）除不可抗力外,燃气事故责任人一时无法查清的,燃气生产企业、燃气销售企业应当依法承担损害赔偿责任。燃气生产企业、燃气销售企业可以保留向燃气事故责任人追偿的权利。

燃气事故的损害赔偿,由有关当事人协商处理,协调不成的,有关当事人可以申请事故发生地区的区、县人民政府调解处理;调解不成的,可以向人民法院提起民事诉讼,有关当事人也可以直接向人民法院提起民事诉讼。

第四十三条 违反本条例规定,有下列情形之一的,由市公用局责令限期改正,并可予以处罚：

（一）违反第八条规定,未经市公用局审核同意,新建、改建、扩建燃气工程项目的,处以五千元以上五万元以下罚款;

（二）违反第九条第二款、第十条、第十一条第二款、第十五条第二款规定的,处以五千元以上五万元以下罚款;

（三）违反第十二条第一款、第十五条第一款规定的,没收违法所得和非法财物,并处五千元以上五万元以下罚款。

第四十四条 违反本条例第十七条第三款,第十八条第一款、第二款,第十九条第一款,第二十三条,第二十六条第二款,第四十条第二款规定的,由市公用局或者县(区)燃气行政管理部门责令限期改正,并可以处一千元以上五万元以下罚款;情节严重的,经市或者县(区)人民政府批准,可以责令停业整顿或者吊销资质证书。

第四十五条 违反本条例规定,有下列行为之一的,由市燃气管理处责令限期改正,并可予以处罚：

（一）违反第二十二条规定的,处以一千元以上五万元以下罚款;

（二）违反第三十二条第一款、第三十四条第二款规定的,没收违法所得,并处一千元以上五万元以下罚款。

违反第三十四条第一款规定的,由市燃气管理处责令限期改正,并可处以一千元以上五万元以下罚款;情节严重的,可以将生产或者销售的燃气器具从《准许销售目录》中除名。

第四十六条 违反本条例规定,有下列行为之一的,由市燃气管理处或者县(区)燃气行政管理部门责令限期改正,并可予以处罚:

(一)违反第十三条第一款、第三十一条第三款规定的,没收违法所得和非法财物,并处一千元以上五万元以下罚款。

(二)违反第十七条第二款规定的,处以一千元以上五万元以下罚款。

(三)违反第二十四条第二款,第二十五条第二款、第三款,第三十六条第一款,第三十七条第三款,第三十八条第二款规定的,处以五百元以上五万元以下罚款。

(四)违反第二十一条规定的,没收违法所得,并处一千元以上五万元以下罚款;情节严重的,经市或者县(区)人民政府批准,可以责令停业整顿或者吊销供气许可证。

(五)违反第二十六条第一款、第三十二条第四款、第三十三条第一款、第三十五条第二款、第四十条第三款规定的,处以五百元以上五千元以下罚款。

(六)违反第三十九条第一款、第二款、第三款、第四款规定的,处以五百元以上五万元以下罚款;情节严重的,经市或者县(区)人民政府批准,可以责令停业整顿,或者吊销供气许可证。

第四十七条 对违反燃气管理的行为,除本条例已规定处罚的外,其他有关法律、法规规定应当予以处罚的,由有关行政管理部门依法予以处罚;构成犯罪的,依法追究刑事责任。

第四十八条 市公用局、市燃气管理处或者县(区)燃气行政管理部门违反本条例规定,越权审批或者违法审批的,由上级主管机关责令纠正或者予以撤销;造成当事人经济损失的,应当依法承担赔偿责任。

第四十九条 市公用局、市燃气管理处或者县(区)燃气行政管理部门的工作人员玩忽职守、滥用职权、徇私舞弊的,由其所在单位或者上级主管部门给予行政处分;构成犯罪的,应当依法追究刑事责任。

第五十条 当事人对市公用局、市燃气管理处或者县(区)燃气行政管理部门的具体行政行为不服的,可以依照《行政复议条例》或者《中华人民共和国行政诉讼法》的规定,申请复议或者提起诉讼。

当事人对具体行政行为逾期不申请复议,不提起诉讼,又不履行的,作出具体行政行为的市公用局、市燃气管理处或者县(区)燃气行政管理部门可以申请人民法院强制执行。

第八章 附 则

第五十一条 本条例中有关用语的含义:

(一)燃气工程,是指燃气设施和燃气供气站点的建设工程;

(二)燃气生产企业,是指生产并向燃气销售企业销售人工煤气、天然气、液化气等的经营企业;

(三)燃气销售企业,是指向用户销售人工煤气、天然气、液化气等的经营企业;

(四)燃气设施,是指用于生产、储存、输配燃气的各种设备及其附属设施,包括输配管网、调压装置、管道阀门和聚水井等;

(五)燃气器具,是指使用燃气的炉灶、热水器、沸水器、取暖器、锅炉、空调器等器具。

第五十二条 本条例施行前已经设立的燃气生产企业、燃气销售企业和燃气供气站点,应当在本条例施行后规定的期限内,向市公用局或者市燃气管理处办理资质申请或者供气许可。

第五十三条 本条例自1999年5月1日起施行。

深圳经济特区燃气管理条例

(1996年3月5日深圳市第二届人民代表大会常务委员会第六次会议通过)

第一章 总 则

第一条 为了加强深圳经济特区(以下简称特区)燃气行业管理,规范燃气经营行为,确保燃气供应和使用的安全,促进燃气事业的发展,根据特区实际,制定本条例。

第二条 燃气工程的规划、建设和燃气的贮存、输配、经营、使用及其管理,适用本条例。

第三条 本条例所称燃气,是指供给生活、生产等使用的液化石油气、天然气、人工煤气及其他气体燃料。

第四条 燃气属社会公用事业,由政府统一规划、统一建设、统一管理,并优先满足居民生活用气的需要。燃气事业应当纳入城市总体规划及国民经济和社会发展计划。

第五条 深圳市人民政府建设行政主管部门(以下简称主管部门)是燃气行业的主管部门。公安消防部门负责燃气安全的消防监督。劳动行政部门负责燃气压力容器的安全监察。规划、环保、技术监督等部门根据各自职责,协助主管部门对燃气行业进行监督管理。

第六条 深圳市燃气协会是燃气经营企业(以下简称燃气企业)的社团组织,在主管部门指导下,协调会员间关系,宣传安全供气用气,研究、推广燃气行业新技术、新经验,及时反映燃气行业中出现的问题。

第二章 规划与建设

第七条 燃气建设规划由规划部门会同主管部门编制。编制时应当征求公安消防、劳动、环保等部门的意见。燃气工程的建设必须符合燃气建设规划。

第八条 燃气场站、码头、输配设施的选址和方案设计,必须报主管部门以及规划、劳动、公安消防、环保等部门审查批准。瓶装燃气供应点的设置,应当符合燃气建设规划,并经主管部门会同公安消防部门的批准。

第九条 燃气工程的设计、施工单位,必须向主管部门注册,并持有燃气工程专业资质证书。从事燃气工程施工的专业技术人员必须具备法定机构确认的相应资格。安装燃气压力容器的施工单位必须同时持有劳动行政部门审核批准的资格证书。

第十条 燃气工程建设所用的设备及材料,必须符合国家规定的质量标准。

第十一条 燃气工程的施工,由市工程质量监督机构负责质量监督。

第十二条 高层建筑的燃气管道设施,应当与主体工程同时设计、同时施工、同时交付使用。对没有燃气管道的现有高层建筑,主管部门应当责令业主和燃气企业限期改造。

第十三条 燃气场站、码头、市政管道、庭院管网、室内管道、临时瓶组供气站等工程竣工后,应当由主管部门组织公安消防、劳动等部门按有关规定进行验收。末按规定验收或者验收不合格的,不得投入使用。

第十四条 燃气工程的建设资金应当多渠道筹措。燃气市政管道和与该管道连接的供气站的建设资金应当列入市政设施预算,由政府投资建设;燃气场站、码头的建设资金由燃气企业自行筹措;庭院管网、室内管道建设资金,由开发单位负担,列入工程预算。

第十五条 供气设备及管道竣工验收合格后,交由燃气企业统一管理和维护。室内燃气设施的维修保养及更换设备的费用,由使用燃气的单位和居民(以下统称用户)负担,其他设施的维修保养和更换设备的费用,由燃气企业负担。

第三章 经营管理

第十六条 管道燃气(含瓶组供气)实行统一经营。瓶装燃气实行多家经营。

第十七条 设立燃气企业必须符合下列条件:

(一)有长期稳定、符合标准的燃气来源;

（二）有符合规范要求的储配、安全检测设施及维修抢险设备；

（三）有与经营规模相适应的自有资金。符合相应资质要求的专业技术人员及管理人员；

（四）有固定的符合安全规定的经营场所；

（五）有完备的规章制度；

（六）国家资质标准规定的其他条件。

第十八条 燃气企业的设立应当按下列程序办理：

（一）向主管部门提出书面申请，经批准后依有关规定进行筹建；

（二）筹建完毕，向公安消防、劳动行政部门申请有关许可；

（三）持许可文件向主管部门申请资质核查，申领资质证书；

（四）持资质证书向工商行政部门申领营业执照。主管部门和公安消防。劳动行政部门应当在接到申请之日起三十日内作出答复。工商行政部门在国家规定的期限内答复。燃气经营资质证书实行年度审验制度。

第十九条 无燃气经营资质证书的，不得经营燃气。禁止个体工商户经营燃气。禁止伪造、涂改、出租、出借、转让或出卖燃气经营资质证书。

第二十条 燃气企业合并、分立、终止、经营场所及其他重大事项的变更，必须提前一个月向主管部门提出申请。内进行检查并予以答复。对由于前款变更影响正常供气而未妥善处理或处理后仍不能正常供气的，由主管部门负责督促或处理。

第二十一条 燃气企业应当对员工进行上岗前培训，经考核合格者才可上岗。未经考核或考核不合格的，不得上岗。

燃气企业从事检测、维修和安装工作的员工、必须具备有关专业资格，并持证作业。无专业资格的，不得单独作业。

第二十二条 燃气企业应当保证燃气的热值、组分、溴味、压力达到国家标准，保证正常供气和供气质量。燃气企业需要停气、降压作业影响居民用气的，除紧急情况外，必须提前二十四小时通知用户。管道燃气连续停止供气四十八小时以上的,燃气企业应当采取措施,保障用户的生活用气。

第二十三条　瓶装气的充装量应当与该瓶标称重量相符,其误差不得超过国家规定的允差范围。

第二十四条　燃气企业不得向未取得经营资质证书的经营者提供气源。

第二十五条　燃气价格按供气成本加税费、加合理利润的原则确定,居民生活用气按保本微利的原则定价。

第二十六条　燃气价格及其他收费标准的制定与调整,由市物价部门会同主管部门制定,并报市政府批准,向社会公众公布后实施。

第二十七条　燃气企业应当按照市政府公布的价格和项目,并以用户的实际用气量计收费用。

第二十八条　燃气企业应当设置用户联系电话,告知用户。电话应有专人值班,二十四小时畅通。

第四章　使用管理

第二十九条　使用燃气的单位和居民应当向燃气企业提出开户申请。燃气企业对符合条件的用户,应当在接到用户申请和有关材料后五日内办理开户手续。

第三十条　用户需要变更名称、使用地址、燃气用途或者停止使用燃气时,应当向燃气企业申请办理变更或停用手续。燃气企业应当在三日内予以办理。

第三十一条　用户应当按照规定按时交纳气费,不得拖欠或者拒交。逾期未缴纳气费的,对生产经营用户按每日1%计收滞纳金,对其他用户按每日0.3%计收滞纳金。情节严重的,燃气企业有权停止供气。

第三十二条　用户使用的燃气用具必须符合国家标准。

第三十三条　管道供气设施和燃气热水器的安装、拆除、改装,供生产经营使用的燃气用具的安装、维修、拆移,必须由持有专业资格证书的单位施工。用户不得自行安装、拆除、改装。

第三十四条 用户不得转卖或盗用燃气。

第三十五条 用户可以就燃气企业的收费和服务向主管部门投诉。主管部门对用户投诉的事项必须及时查处,并在接到投诉之日起十日内将查处情况告知投诉人。

第五章 安全管理

第三十六条 燃气企业必须建立安全责任制,健全燃气安全保证体系。

第三十七条 燃气企业应当制定用户安全用气规定,向用户发放安全用气手册,进行安全宣传教育。用户必须严格遵守安全用气规定,保证用气安全。

第三十八条 燃气企业必须对燃气管道和设施进行日常巡查;对用户安全用气每年检查一次,发现事故隐患,必须及时消除。

第三十九条 燃气场站,码头、输配设施及各种燃气设备,必须设置符合国家规定的明显标志。任何单位和个人不得擅自涂改、移动、毁坏或者覆盖。

第四十条 禁止在燃气管道及设施上修筑建筑物、构筑物和堆放物品。

第四十一条 任何单位和个人在进行可能影响燃气设施安全的施工作业之前,必须书面通知燃气企业,由燃气企业派人现场监督指导施工。需要拆除、迁移供气设施的,必须先到燃气企业办理手续,缴纳拆迁费用,由燃气企业组织拆迁。

第四十二条 燃气贮存和输配所使用的压力容器,必须向市劳动行政部门登记,领取使用证,并定期送交检验,其安全附件定期送交校验。

第四十三条 燃气钢瓶应当定期送交劳动行政部门批准的钢瓶检测机构进行检测。禁止使用不合格的钢瓶。

第四十四条 禁止钢瓶超量充装,禁止用槽车直接充装钢瓶。

第四十五条 禁止进行钢瓶倒罐。自行排放残液以及加热、摔、砸、倒卧钢瓶、改换检验标记或瓶体漆色、拆修瓶阀等附件的行为。

第四十六条 燃气贮存、输配系统的动火作业应当按公安消防部门的规定取得动火证后方可作业。

第四十七条 从事燃气运输的机动车辆,应当到公安消防部门申请并领取准运证后方可运输。

第四十八条 未经燃气企业同意,禁止开启或关闭燃气管道上的公共阀门,但消防等紧急情况除外。

第四十九条 高层建筑内禁止使用瓶装燃气。

第五十条 公共建筑类用户、工业用户及住宅区管理处,应当指定专人接受主管部门组织的培训考核,负责本单位供气系统的管理和监护。

第五十一条 任何单位和个人发现燃气事故,应当立即向燃气企业报告。燃气企业必须立即组织抢修。

第五十二条 燃气企业必须设置专职的抢修队伍,配备抢修人员防护用品、车辆器材、通讯设备等,并制定各类突发事故的抢修方案。

第五十三条 专业抢修人员在处理燃气事故紧急情况时,对影响抢修的其他设施,必要时可以采取适当的应当措施,但事后应当及时恢复原状,并按规定补办手续及处理善后事宜。

第五十四条 对燃气事故的处理,按国家有关规定进行。

第六章 罚 则

第五十五条 违反本条例第九条、第十条、第十一条、第十二条、第十三条有关燃气工程建设规定的,按照《深圳经济特区建设工程质量条例》的有关规定处罚。

第五十六条 违反本条例第十九条第一款规定,未取得主管部门颁发的燃气经营资质证书经营燃气的,由主管部门责令停止经营,收缴非法经营设备、没收非法所得,并处以三万元以上五万元以下的罚款。

第五十七条 违反本条例第十九条第二款规定,伪造、涂改、出租、出借、转让或者出卖燃气经营资质证书的,由主管部门责令停止违法行为,并处以一万元以上三万元以下罚款。

第五十八条 违反本条例第二十条规定,燃气企业擅自进行合并、分立、终止、变更经营场所或其他重大事项的,由主管部门处以三万元以上五万元以下罚款。

第五十九条 违反本条例第二十二条规定,燃气企业供气质量达不到国家标准的,由主管部门责令限期纠正;对用户造成损失的,责令赔偿损失;逾期未纠正的,由主管部门责令整顿,并处以一万元以上三万元以下罚款。

第六十条 违反本条例第二十二条规定。燃气企业停气、降压,未在二十四小时前通知取补救措施赔偿损失,并处以三万元罚款。

第六十一条 违反本条例第二十三条规定,充装燃气与标称重量不相符的,由技术监督行政部门按《深圳经济特区计量条例》第四十条的规定处罚。

第六十二条 违反本条例第二十四条规定,向未取得经营资质证书的经营者提供气源的,由主管部门没收其非法所得,并处以五万元以上十万元以下罚款,对直接责任人员处以一千元以上五千元以下罚款。

第六十三条 违反本条例第二十六条、第二十七条规定,提供虚假价格资料、擅自加价、提价的,由价格行政部门按《深圳经济特区价格管理条例》第三十五条、第三十六条规定处罚。

第六十四条 违反本条例第三十三条规定,擅自安装、拆除、改装管道设施或者燃气用具的,由主管部门责令整改,并处以一千元以上五千元以下罚款。

第六十五条 违反本条例第四十条规定,在燃气管道及设施上修筑建筑物、构筑物或堆放物品的,主管部门应当责令其立即清除,并处以五千元以上一万元以下的罚款;情节严重的,处以一万元以上三万元以下罚款。

第六十六条 违反本条例第四十一条规定,不通知燃气企业而进行可能影响燃气设施安全的施工作业的,由主管部门责令其停止作业,并处以五千元以上一万元以下的罚款;造成燃气设施损毁的,主管部门可处以一万元以上三万元以下罚款;造成他人损失的,并责令赔偿经济损失;对直接责任人员,处以一千元以上一万元以下罚款。

第六十七条 违反本条例第四十二条、第四十三条规定,燃气压力容器无使用证运行。未进行定期检验或者使用不合格钢瓶的,由市劳动行政部门按有关规定进行处罚。

第六十八条 违反本条例第四十四条规定,用槽车直接充装钢瓶或超量充装钢瓶的,由主管部门责令其立即纠正,并处以一万元以上三万元以下罚款;造成他人损失的,责令赔偿经济损失。

第六十九条 违反本条例第四十五条规定,进行钢瓶倒罐,自行排放残液。自行改换检验标记或瓶体漆色、拆修瓶阀等附件的,由主管部门责令其改正,并处以一千元以上五千元以下罚款;造成他人损失的,责令赔偿损失。

第七十条 违反本条例第四十六条、第四十七条规定,擅自动火作业、无准运证运输燃气的,由公安消防部门责令立即停止,并处以一万元以上三万元以下罚款;造成他人损失的,责令赔偿损失。

第七十一条 违反本条例第四十八条规定,擅自开启或关闭燃气管道上的公共阀门的,由主管部门处以一千元以上五千元以下罚款;造成他人损失的,责令赔偿损失。

第七十二条 违反本例第四十九条规定在管道供气的高层建筑内使用瓶装燃气的,主管部门应当责令立即停止使用,并处以一千元以上五千元以下罚款;造成他人损失的,责令赔偿损失。

第七十三条 违反本条例第五十一条规定,未及时抢修燃气设施造成事故的,由主管部门处以五万元以上十万元以下罚款;对延误抢修的直接责任人员,处以五千元以上一万元以下罚款;造成他人损失的,责令赔偿损失。

第七十四条 违反本条例规定,情节严重构成犯罪的,由司法机关追究当事人的刑事责任。

第七十五条 本条例规定的罚没收入,处罚机关应当全额上交市财政。

第七十六条 执法部门工作人员违反本条例规定,玩忽职守、滥用职权、徇私舞弊、收受贿赂的,依法追究行政责任;构成犯罪的,依法追究其刑事责任。

第七十七条 当事人对主管部门的行政处罚不服的,可以在收到处罚决定书之日起十五日内,向深圳市人民政府行政复议机关申请复议。对复议决定不服的,可以在接到复议决定书之日起十五日内向人民法院起诉。当事人也可以直接向人民法院起诉。当事人逾期不申请复议或不起诉又不履行处罚决定的。主管部门可以申请人民法院强制执行。

第七章 附 则

第七十八条 深圳市人民政府可以根据本条例制定实施办法。

第七十九条 本条例自一九九六年五月一日起施行。一九八四年深圳市人民政府颁布的《深圳市液化石油气管道供气管理暂行办法》即行废止。

深圳市燃气安全管理规定

深建燃[1998]19号

第一章 一般规定

第一条 为了加强深圳市燃气的安全管理,保护人身和财产安全,根据《深圳经济特区燃气管理条例》以及国家有关规定,结合本市实际,制定本规定。

第二条 深圳市范围内从事燃气生产、储存、输配、经营的单位、使用燃气的用户、有关物业管理单位以及深圳市居民,均应遵守本规定。

第三条 深圳市人民政府建设行政主管部门负责管理全市燃气安全工作,质量技术监督部门负责全市燃气的安全监察,公安消防部门负责全市燃气的消防监督。

第四条 燃气安全管理体制实行"企业负责、行业管理、国家监察、群众监督、劳动者遵章守纪"。

第五条 燃气的生产、储存、输配、经营和使用,必须贯彻"安全第一、预防为主"的方针,及时消除事故隐患,保证燃气安全。

第六条 从事燃气经营的单位必须按照《城市燃气企业资质标准》的要求,取得建设行政主管部门颁发的《城市燃气企业资质证书》或《广东省燃气经营许可证》方可从事燃气经营。

第七条 燃气生产、储存、输配、经营单位应明确法定代表人为安全生产的第一责任人,负责本单位安全工作并与下属各经营网点签订安全责任书;应设立完善的安全管理机构,有一名负责人主管燃气安全工作,配备专职安全管理人员,车间班组应设立群众性安全组织和安全员,形成三级安全管理网络;建立健全安全管理制度,制订操作规程,定期将执行情况向有关行政部门汇报。从业人员应进行专业培训,取得合格证后方可上岗。

第八条 燃气经营单位应保证所供燃气的气质和压力符合国家规定的标准,无臭燃气应按规定进行加臭处理。

第九条 燃气经营单位要制定用户安全使用规定,对符合条件的单位或居民办理燃气开户手续,并建立用户档案,向用户提供安全使用手册,进行安全教育,提供安全咨询服务。

第十条 使用燃气的集体用户、各小区、大厦的物业管理单位应当确立相应的安全管理机构,明确专人负责。

第十一条 用户使用的燃器具必须有产品合格证和使用说明书,同时应是经深圳市燃气设备检测有限公司进行气源适配性检测合格,并列入《深圳市燃气器具销售目录》的产品。

第十二条　使用燃气的单位或居民应办理开户手续,并认真阅读燃气经营单位提供的安全使用手册,严格遵守燃气安全使用规定。

第二章　燃气储配和瓶装气的安全管理

第十三条　燃气场(站)、码头、输配设施及各种燃气设备,必须设置符合国家规定的标志,标明工艺流程走向,应有醒目的禁火标志,任何单位和个人不得擅自涂改、移动、毁坏或覆盖。

第十四条　燃气储存和输配所使用的压力容器必须符合质量技术监督部门颁发的有关安全规定,按要求办理《压力容器使用证》,并定期检测;其安全附件应处于完好使用状态并定期校验。

第十五条　燃气储存、输配设施及灌装设备,须指定专人维护保养,建立设备运行和维修档案,定期进行检修。灌装所用的计量器具要定期校验;避雷设施及设备静电接地每半年至少测试一次;泄漏报警系统应保持正常工作状态。

第十六条　燃气储存、输配系统的动火作业,必须严格执行安全用火管理制度,按公安消防部门的三级临时动火作业审批权限的规定,办理相关的临时动火作业许可证,并制订好作业方案,落实安全措施后方可作业,严禁无证作业。

第十七条　燃气经营单位必须使用具有质量技术监督部门资格许可证单位生产的合格的液化石油气钢瓶;液化石油气钢瓶应有经营单位的明显标志。凡新购液化石油气钢瓶须将钢瓶规格、数量及有关出厂技术资料报市质量技术监督局锅炉压力容器安全监察机构;经由市监察机构授权的检验单位进行抽检,并核发统一的"钢瓶安全认证"标志。

第十八条　钢瓶必须按规定定期送交质量技术监督部门认可的具有检验许可证的钢瓶检测机构进行定期检验,外观严重锈蚀、碰损及钢瓶附件不全、标牌不清必须提前送检;报废钢瓶由检测单位统一进行处理。气瓶充装单位必须取得质量技术监督部门的气瓶充装单位注册登记许可证;必须实施充装前后检验、复验制度,指定专人负责充装前后的检验;禁止充装不合格钢瓶。

第十九条 卡式炉气罐是一次性充装罐,其储存的介质为液化丁烷气。严禁任何单位和个人回收空罐进行重复灌装,用户也不得自行重复灌装或购买重复灌装的燃气罐。

第二十条 储存和输配燃气的压力容器不得超量灌装。对瓶装液化石油气必须严格执行充装重量复验制度。对已充装的钢瓶经检查合格后须贴上充装合格证。禁止漏气、超重等不合格的液化石油气钢瓶运出充装站。

第二十一条 使用液化石油气槽车的单位,应严格遵守国家有关规定,办理《槽车使用证》、《易燃易爆化学物品准运证》,槽车司机、押运员上岗证。槽车司机须有3年以上相关车型驾驶经验。

运送瓶装液化石油气的机动车辆应办理《易燃易爆化学物品准运证》,驾驶员应经过培训,并持证上岗。

第二十二条 在进行液化石油气装卸作业时,液化石油气槽车司机及运送瓶装液化石油气的机动车辆的司机必须将车钥匙交操作工保管,并不得离开现场。装卸完毕后,由操作工、司机、押运员同时进行周边检查,确认无误后方可启动行驶。严禁用槽车直接充装钢瓶。

第二十三条 禁止用户进行钢瓶灌装,自行排放残液,以及加热、摔、砸、倒卧钢瓶,改换检验标记或瓶体漆色,拆修瓶阀等附件的行为。

第二十四条 用户使用的燃气软管必须是合格的耐油橡胶管。燃气软管不得穿墙、窗、门,长度不得超过2米。软管与减压阀及燃气器具的连接处应用喉码锁紧。

第三章 管道燃气的安全管理

第二十五条 深圳市管道燃气由深圳市燃气集团有限公司统一经营。

第二十六条 管道燃气经营单位应有熟悉管网供气技术的管理人员负责安全管理,有健全的安全生产管理制度。

第二十七条 管道燃气经营单位应当按照国家或当地规定的质量标准,保证燃气的热值、组分、臭味、压力等达到国家标准,并保证持续稳定地供气。涉及用户的停气降压工程,须提前24小时通知用户(紧急情况除外)。

第二十八条 燃气管道和设备在投入运行前,必须进行气密试验和置换。在置换过程中,应当巡回检查,加强监护和检漏,确保安全无泄漏。

第二十九条 管道燃气经营单位负责燃气管网及设施的安全管理。入户分支阀门以后的燃气管道、设备及燃器具由燃气用户负责日常安全管理。公共福利及商业用户负责其入户总阀以后的燃气管道及设施的日常安全管理。

第三十条 管道燃气经营单位必须对燃气管网及设施标志的完好性进行巡查,防止管网因施工等原因被破坏。应定期对管网进行维修保养。定期进行埋地管网的检漏工作。巡查人员应配备燃气检漏检修工具。必须建立健全巡查及维修保养档案。

第三十一条 管道燃气经营单位在接到用户户内的有关燃气设施故障报修申请后,应当及时处理,并保证在24小时内修复。

第三十二条 管道燃气经营单位应对用户户内的管道、设施及用气情况进行定期的外观检查和测试检查。

外观检查周期为每年一次。检查内容应包括:

(一)管道及设备的完好状况。

(二)燃器具及连接软管的完好状况。

(三)是否存在管道及设备埋墙暗设和私自改装、加装等安全隐患。

(四)燃气热水器是否符合安装规程的要求。

(五)检查管道有无松动和燃气渗漏。

(六)对用户安全使用燃气常识进行检查,接受用户安全使用燃气的咨询。

测试检查周期为3年一次。检查内容除外观检查的内容外还应包括:

（一）对户内管道系统按有关技术标准进行一次气密试验；

（二）对用户调压系统进行使用工况下的压力检测，要求在稳定使用和关闭的状况下调压器出口压力均符合有关技术规范的要求。

测试检查所需的费用由物价部门审定。

第三十三条 物业管理单位应掌握本辖区内燃气管道及控制阀门的分布和运行状况，建立健全燃气管道及设施日常安全管理的规章制度及安全管理档案，加强对管理辖区范围内的燃气管道设施及用户燃气设施的巡视和监控，燃气用户及相关人员应当配合，对燃气管道及设施进行日常安全管理和监护的物业管理人员应接受燃气行业主管部门组织的培训考核，并接受燃气经营单位的相关技术指导。

第三十四条 任何单位或个人在物业管理辖区内进行地下开挖作业时，应当向该区物业管理单位申报，物业管理单位应当将危及、影响到燃气管道及设施的施工作业通知燃气经营单位共同制定保护监管措施，或制止施工单位施工。

第三十五条 高层建筑严禁使用瓶装气。具备管道供气条件的多层建筑，应使用管道气。严禁管道气与瓶装气混合使用。

第三十六条 管道燃气用户必须严格遵守安全使用规定，正确使用燃气及燃气用具，不得擅自拆、改、迁、装燃气管道和设施，不得将燃气管道及设施埋墙或暗设。严禁明火检漏。

第三十七条 管道燃气用户所使用的燃气软管必须采用合格的耐油橡胶管。

第三十八条 燃气软管不得穿墙、窗和门，灶前旋塞阀与燃器具的连接软管长度不应超过2米。软管与灶前旋塞阀及燃气具的连接处应用喉码锁紧。

第三十九条 任何单位或个人未经燃气经营单位同意，禁止开启或关闭燃气管道系统上的公共阀门，消防紧急情况除外。

第四十条 任何单位和个人不得阻碍管道燃气经营单位正常的检查、维修或抢修。

第四十一条 确因需要拆除、迁移管道供气设施的,必须到燃气经营单位办理手续。

第四十二条 公共场所燃气管道及各种燃气设施必须设置统一的明显标志,任何单位或个人不得擅自涂改、移动、毁坏或覆盖。

第四十三条 严禁在燃气管道及设施上修筑建筑物、构筑物和堆放物品。严禁向燃气管道及设施排放腐蚀性液体、气体。严禁在燃气管道及设施上和安全保护距离内挖坑取土、开挖沟渠、打桩或者顶进作业。

第四十四条 对申请开工的项目应由建设单位审查施工范围内是否有燃气管线及设施。对有可能影响到管道及设施安全运行的,建设单位必须按《深圳经济特区燃气管理条例》、《城镇燃气设计规范》及有关规定执行。建设单位在施工前须书面通知燃气经营单位,确定保护措施后方可施工。施工过程中,燃气经营单位应当根据需要进行现场监护,保护施工现场中的燃气管道及设施的安全。

第四章 抢修与事故处理

第四十五条 任何单位和个人发现燃气管道、设施、燃器具泄漏或燃气事故,应当立即向燃气经营单位报告,根据情况同时向公安消防部门报警,且尽可能采取一切能阻止或减轻燃气泄漏或事故扩大的有效措施,如设立现场警戒区、关阀停气、自然通风、禁止烟火等。

第四十六条 燃气经营单位应设置专职的抢修部门,设立24小时抢修值班,配备通讯设备、抢修器材、车辆、专职人员,并预先制定各类突发事故的抢修方案。接到抢修报告后,能迅速到达现场组织抢修,并不间断地作业,直到修复完毕。

第四十七条 管道燃气经营单位组织供气抢修时,对影响抢修作业的林木、市政设施和其他构筑物,可以采取应急措施,并及时通知有关部门。事后能恢复原状的应及时恢复原状,造成直接经济损失的应给予合理补偿。

第四十八条　发生燃气事故,燃气企业应及时上报有关部门。

第四十九条　燃气事故的处理,按国家有关规定执行。

第五十条　本规定所称的燃气事故是指因燃气管道、设施、燃气用具发生泄漏、火灾、爆炸等造成人员伤亡和财产损失的事故。

燃气事故不包括利用燃气进行犯罪或自杀所造成的事故。

第五章　附　　则

第五十一条　燃气工程建设的安全管理,执行深圳市燃气工程建设管理有关规定。

第五十二条　对违反本规定的,燃气行业管理部门将按照《深圳经济特区燃气管理条例》及有关规定给予处罚。

第五十三条　本规定自发布之日起实施。

深圳市燃气工程建设管理办法

(2001年7月2日发布,2004年1月3日修订)

深建燃[2001]7号

第一章　总　　则

第一条　为了加强燃气工程建设管理,保证燃气工程质量,根据国务院《建设工程质量管理条例》、《深圳经济特区燃气管理条例》及有关法律、法规的规定,结合深圳市实际,制定本办法。

第二条　本办法所称燃气工程是指燃气储存、输配设施以及管道燃气供气设施的新建、改建、扩建工程,包括:

(一) 燃气场站(含燃气汽车加气站)、码头及输配设施的建设工程(以下简称一类燃气工程);

(二) 市政燃气管道、瓶组气化站、单体建筑及小区庭院的燃气管道建设工程(以下简称二类燃气工程)。

第三条 建设单位、勘察单位、设计单位、施工单位、工程监理单位依法对燃气工程质量负责。

第四条 市建设行政主管部门是全市燃气工程建设的主管部门,负责全市范围内一类及市管二类燃气工程建设项目的监督管理。市建设工程质量监督机构(以下简称质监机构)具体实施对该类工程的质量监督。各区建设行政主管部门负责区管二类燃气工程建设项目的监督管理。各区质监机构具体实施对该类工程的质量监督。

第五条 配套建设的管道燃气设施应当与主体工程同时设计、同时报建、同时施工、同时验收、同时交付使用。

第二章 燃气工程的勘察、设计、施工、监理

第六条 在本市承接燃气工程勘察、设计、施工、监理业务的单位,必须按规定经建设行政主管部门资质审查合格,取得相应的从业资格证书。燃气工程设计、施工、监理单位应当按照从业资格证书核定的业务范围承接业务。

第七条 凡在本市从事燃气工程勘察、设计、施工、监理工作的专业技术人员及技术工人,必须取得建设行政主管部门认可或法律规定的上岗证后方可从事相关的工作。燃气工程设计文件必须有市建设行政主管部门认可的燃气工程专业设计人员签字。

第八条 燃气工程勘察、设计、施工、监理企业应当严格执行国家、省、市有关法律、法规和工程建设强制性技术标准,对其承接的燃气工程质量负责。

第九条 二类燃气工程设计前,管道燃气经营企业应当根据建设单位的要求,及时向其提供气源接入点,作为工程设计的原始资料。

第十条 燃气工程设计文件应规定该工程的合理使用年限。

第十一条 燃气工程建设选用的设备、材料,应当符合国家标准、行业标准和本市抢险、维修要求。

第十二条 燃气工程设计文件经建设行政主管部门组织审查

后方可实施,具体的审查范围、内容、程序、机构按照我市建设工程设计文件审查管理办法执行。

第十三条　施工单位必须建立健全施工质量责任制度,严格工序管理,作好隐蔽工程的质量检验和记录。隐蔽工程在隐蔽前,必须告知建设、监理单位、质监机构。未经监理工程师签字,隐蔽工程不得隐蔽,工程不得进入下一道工序的施工。

第十四条　实行燃气工程项目强制监理制度,建设单位必须委托具有燃气工程专业监理资质的监理单位对其建设的燃气工程实施监理。

第三章　燃气工程的质量监督及专项验收

第十五条　质监机构应当严格按照国家、省、市有关法律、法规和工程建设强制性技术标准对燃气工程质量进行监督。

第十六条　质监机构应当对燃气工程的勘察、设计、施工、监理单位的资质及从业人员的资格、质量行为以及与工程质量有关的文件、资料进行监督检查。与工程质量有关的文件、资料包括:施工许可证;设计单位、施工单位、工程监理单位资质证书及人员的岗位证书;质保、技术资料等。

第十七条　管道燃气经营企业参与二类燃气工程的专项验收,对燃气工程存在问题向专项验收组织单位提出意见。

第四章　燃气工程的移交

第十八条　管道燃气经营企业作为二类燃气工程的接收、供气单位,应制订明确的移交规定、程序和办事时限,报市建设行政主管部门批准后向社会公布实施。

第十九条　二类燃气工程专项验收合格后,建设单位应及时按照规定将工程移交管道燃气经营企业。工程移交内容包括实物及完整的工程竣工资料。在完成移交前,建设单位承担工程实物的维护、管理责任,发生损坏自行负责修复。

第二十条　建设单位应当在用气前到管道燃气经营企业办理

有关供气手续,管道燃气经营企业应当在建设单位完成燃气工程竣工移交及供气手续后立即组织供气,不得拒绝向符合供气和用气条件的单位和个人供气。

第二十一条　管道燃气工程投入运行前,管道燃气经营企业必须进行气密性试验复检和置换,并加强供气前的安全检查工作,保证供气安全。

第二十二条　违反本办法有关规定,由建设行政主管部门按有关规定进行处罚。

第五章　附　则

第二十三条　本办法由深圳市建设行政主管部门负责解释。

第二十四条　本办法自2001年8月1日起施行。原《深圳市燃气工程管理办法》(深建燃[1999]8号)同时废止。

深圳市燃气管道工程设计、施工若干技术规定

深建字[2003]50号

1　总　则

1.1　为规范统一深圳市燃气管道工程设计、施工及验收工作,积极采用先进技术、工艺、材料及设备,提高工程质量,确保安全供气,制定本规定。

1.2　本规定适用于深圳市管道燃气供气范围内新建、改建及扩建的钢管埋地燃气管道工程、聚乙烯(PE)管埋地燃气管道工程及地上燃气管道工程。凡本规定未作具体要求的,均按国家现行的有关技术规范条文执行。

1.3　埋地燃气管道设计压力为0.3MPa,液化石油气运行压力为

0.07MPa;为满足天然气调压及流量要求,庭院管道管径按照0.1MPa 天然气核算,调压器应选用满足液化石油气及天然气的双用调压器;地上上升立管总阀后至用户调压器前为中压 B 级管道,设计压力为 0.1MPa,液化石油气运行压力为 0.07MPa;用户调压器后为低压管道,液化石油气运行压力为 2800Pa,天然气运行压力为 2000Pa。

2 钢管埋地燃气管道工程

2.1 管径 $DN250$ 以上的埋地燃气管道应选用三层结构 PE 涂层钢管(俗称三层 PE 夹克管或包覆管)。三层 PE 夹克管的钢管可为无缝钢管、直缝或螺旋电焊钢管,质量应符合国家有关标准要求;聚乙烯防腐层应符合《埋地钢质管道聚乙烯防腐层技术标准》(SY/T 4013)的有关要求;三层 PE 夹克管的产品选型须经试用确认后方可采用。

2.2 管道距建筑物外墙 2m 以内不可避免的焊缝应全部进行射线照相检验。

2.3 管子与管子之间的对接焊缝应采用聚乙烯热收缩套进行防腐。热收缩套与管子两端原防腐层搭接宽度不得小于 150mm。热收缩套防腐前,应将管子搭接段原防腐层进行打毛。防腐应在焊缝检验合格后的 48 小时内完成,其施工与检验可参照深圳市燃气集团有限公司企业标准《辐射交联聚乙烯热收缩套补口施工与验收规范》(Q/SRJ 03.3)执行。

2.4 三层 PE 夹克管不得煨弯,管件如弯头、大小头、三通等应采用整体预制防腐(目前推荐使用环氧液体涂料)的机制管件。弯头、大小头等管件与管子焊接处采用牛油胶布和 PVC 外带进行防腐;三通、法兰等异形管件与管子焊接处则先采用特制的防腐腻子填充成与管道轴线为 45°光滑曲面,再采用牛油胶布和 PVC 外带进行防腐。补口材料与管子两端原防腐层搭接宽度不得小于 150mm。

2.5 管道防腐的施工、验收以及防腐层破损点的修补可参照深圳市燃气集团有限公司企业标准《埋地钢质管道包覆聚乙烯防腐层施工及验收规范》(Q/SRJ 03.6)执行。

2.6 三层PE夹克管应设置牺牲阳极阴极保护系统,其设计与施工可参照深圳市燃气集团有限公司企业标准《牺牲阳极设计施工验收规范》(Q/SRJ 03.1)、《燃气管道牺牲阳极保护系统检测与维护规范》(Q/SRJ 04.1)以及深圳市燃气管道工程通用图《阳极测试桩安装图》执行。

2.6.1 阳极电缆与管道采用铝热焊接技术连接,连接点应在管端裸管处,以免破坏三层包覆聚乙烯防腐层的整体性。连接点应采用牛油胶布和PVC外带进行防腐。

2.6.2 阳极选用类型及三层PE夹克管保护距离可参照下表执行:

管径(mm)	选用镁阳极	保护距离(m)	保护年限(年)	保护电流密度(mA/m²)
DN400	14kg/支×2	100	25	0.3
DN300	11kg/支×2	100	25	0.3
DN250	8kg/支×2	100	25	0.3
DN200	11kg/支×2	200	25	0.3
DN150	8kg/支×2	200	25	0.3
DN100	8kg/支×2	200	25	0.3

2.7 管道与未进行阴极保护的钢管连接时,连接处应安装绝缘连接件。绝缘连接件外表面应采用预制防腐;与管道的对接焊缝采用聚乙烯热收缩套进行防腐,与管道两端原防腐层搭接宽度不得小于150mm。

2.8 引入管原则上应使用聚乙烯(PE)管。若必须使用钢管时,应采用无缝钢管,且管径不得小于DN50;无缝钢管采用聚乙烯热收缩套进行防腐,热收缩套伸出套管上端的长度不得小于100mm;采用镀锌钢管做套管保护,套管长度为地面以下500mm,地面以上

300mm。其间隙用中性沙填实,套管上端50mm内用建筑用中性密封胶封口。

燃气管与套管的规格如下:

| 燃气管 | DN100 | DN80 | DN65 | DN50 |
| 套　管 | DN150 | DN125 | DN125 | DN100 |

2.9　阀门安装

2.9.1　阀门安装前应以0.6MPa的压力进行气密性试验;

2.9.2　两阀门之间须设置放散管。阀门及放散管的安装应参照深圳市燃气管道工程阀门安装通用图执行。

2.10　管道焊接质量检验

管道对接焊缝无损探伤检验数量,应按设计规定进行。当设计无规定时,抽查数量应不少于焊缝总数的15%,且每个焊工不少于一个焊缝。抽查时,宜侧重抽查固定焊口。

2.11　清扫

管道试压前应进行清扫。DN100以上且工程长度超过100m的管道应采用清管球分段清扫,分段清扫长度不宜超过500m,其施工可参照深圳市燃气集团有限公司企业标准《燃气钢管通球清扫操作技术规程》(Q/SRJ 03.7)执行。清管球清扫次数至少为两次。DN100及以下管道可采用压缩空气反复分段吹扫,以吹出的气流无铁锈、污物为合格。

2.12　试压

2.12.1　强度试验:试验压力为0.45MPa,达到试验压力后稳压1小时,进行外观检查,并对法兰、焊接接头部位用涂刷肥皂水的方法检查,以不漏气,压力表读数不下降,目测无变形为合格。

2.12.2　气密性试验:试验压力为0.345MPa,达到试验压力后应保持一定时间,达到温度、压力稳定。气密性试验时间为24小时,以无泄漏为合格。

2.13　回填

2.13.1 管沟回填至管顶以上0.5m处应埋设专用聚乙烯薄膜警示带,警示带上应标注醒目的提示字样。

2.13.2 管道平面转向、三通、起(终)点、钢塑转换接头处、阳极棒埋设点处、绝缘连接件处应设置相应标志桩;管道直线段应每隔20m设置标志桩。当管道敷设在人行道、车行道时,标志桩应与路面平齐;当管道敷设在绿化带时,标志桩应按深圳市燃气管道工程通用图设置,且要求高出周围地面100mm。

2.14 防腐质量检测

管道应进行防腐检测,检测项目包括:(1)管道路由坐标及埋深检测;(2)管道沿线土壤腐蚀性检测;(3)管道沿线杂散电流干扰检测;(4)管道阴极保护系统状况检测;(5)管道防腐层绝缘性能检测;(6)管道防腐层缺陷检测。各项检测基础数据纳入竣工资料,具体可参照深圳市燃气集团有限公司企业标准《新建地下钢质燃气管道防腐检测与验收规程》(Q/SRJ 03.15)执行。

2.15 埋地管道原则上取消凝水器,必须设置的凝水器应采用预制防腐形式。

3 聚乙烯(PE)管埋地燃气管道工程

3.1 管径DN250及以下的埋地管道应采用燃气用聚乙烯管SDR11系列。聚乙烯管材及管件的产品选型须经试用确认后方可采用。聚乙烯管材应按国家有关聚乙烯管材及管件检测的规定送质检单位进行检测。

3.2 庭院管应采用聚乙烯管;两端已有钢管且距离长度小于200m的市政管道,宜采用三层PE夹克管。

3.3 DN110及以下直径的管道应采用电熔连接,DN110以上管道采用全自动热熔或电熔连接;聚乙烯管与钢管的连接采用钢塑转换接头,施工时应先进行钢管的对焊连接,待焊口冷却后方可进行聚乙烯管的电熔或热熔连接。钢塑转换接头钢制端应采用牛油胶布和PVC外带进行防腐,与三层夹克管防腐层搭接宽度不得小于150mm。

3.4 聚乙烯管穿越铁路、主要干道等应采用钢管作套管保护。此钢套管应采用三层 PE 夹克管,钢套管须对接焊接时不打坡口,只进行外层焊接。钢套管之间的对接焊缝应采用聚乙烯热收缩套进行防腐。套管内的聚乙烯管应设专用管架等措施避免聚乙烯管体及外表面损伤。

3.5 聚乙烯引入管与钢管的转换应采用钢塑转换接头,并安装在套管(采用镀锌管或夹克管做套管)内;钢塑转换接头施工时应先进行钢制端的对焊连接,待焊口冷却后再进行聚乙烯管的电熔或热熔连接;套管内的钢管采用聚乙烯热收缩套进行防腐,且防腐层伸出套管端头外 100mm;转换接头钢制端采用牛油胶布和 PVC 外带进行防腐,套管内的间隙用中性河砂填实,套管端面 50mm 内用建筑用中性密封胶封口。具体应参照深圳市燃气管道工程通用图《PE 管出地面施工大样图》执行。

3.6 阀门安装

3.6.1 阀门安装前应以 0.45MPa 的压力进行气密性试验。

3.6.2 两阀门之间须设置放散管。阀门及放散管安装应参照深圳市燃气管道工程阀门安装通用图执行。

3.7 管道焊接质量检验

3.7.1 聚乙烯管电熔连接或热熔对接时,应对所有接头进行外观检验,做好焊接自检记录。焊接自检记录内容应包括电子数据自动打印记录、焊工编号、焊缝位置(示意图)、焊接效果等,并纳入竣工资料。

3.7.2 热熔对接焊缝尚须抽样切除翻边进行检查验收,抽查数量应不少于热熔对接焊缝总数的 10%,且每个焊工不少于一个焊缝。检查内容及方法可参照深圳市燃气集团有限公司企业标准《PE 管全自动热熔对接技术指引》(Q/SRJ 03.14)执行。

3.8 清扫

3.8.1 管道试压前应进行清扫,工程长度超过 200m 的管道应采用分段吹扫;吹扫时采用压缩空气反复进行,压缩空气压力不得大于 0.45MPa,温度不宜超过 40℃。压缩机出口应安装分离器和过滤器。以吹出的气流无污物为合格。

3.8.2 所有阀门应在清管合格后再安装。

3.9 试压

3.9.1 强度试验：试验压力为 0.45MPa，达到试验压力后稳压 1 小时，进行外观检查，并对法兰、焊接接头部位用涂刷肥皂水的方法检查，以不漏气，压力表读数不下降，目测无变形为合格，检查完毕应及时用清水冲去检漏的肥皂水。

3.9.2 气密性试验：试验压力为 0.345MPa，达到试验压力后应保持一定时间，达到温度、压力稳定。气密性试验时间为 24 小时，以无泄漏为合格。

3.10 回填

3.10.1 管道埋设至管顶以上 0.5m 处应埋设专用聚乙烯薄膜警示带，警示带上应标注醒目的提示字样。警示带上方应铺设一层预制的钢筋混凝土盖板。钢筋混凝土盖板长度为 600mm，宽度为 400mm，厚度为 100mm，内部采用 $\phi 14$ 钢筋以 150mm 的间距形成方格网，混凝土强度等级为 C20。

3.10.2 管道平面转向、三通、起(终)点、钢塑转换接头处应设置相应标志桩；管道直线段应每隔 20m 设置标志桩。当管道敷设在人行道、车行道时，标志桩应与路面平齐；当管道敷设在绿化带时，标志桩应按深圳市燃气管道工程通用图设置，且要求高出周围地面 100mm。

3.11 埋地管道原则上取消凝水器，必须设置的凝水器应采用聚乙烯(PE)凝水器。

4 地上燃气管道工程

4.1 地上中压燃气管道应采用外镀锌钢管，低压燃气管道可采用标准镀锌钢管。外镀锌钢管及标准镀锌钢管应按国家有关检测标准送质检单位进行检测。外镀锌钢管具体要求如下：

4.1.1 外镀锌钢管外表面采用热浸镀锌处理，内表面不镀锌；外表面镀锌层的表面质量、重量及厚度应符合 GB/T 3091—93

的有关规定。

4.1.2 外镀锌钢管采用标准镀锌钢管壁厚系列,壁厚、外径应符合 GB/T 3091—93 的有关规定。

4.1.3 镀锌钢管用钢的牌号和化学成分应符合 GB 3092 的有关要求。

4.2 中压管道除必要的设备连接外,均应采用焊接连接。焊接前应将焊口两端 30mm 范围内的外镀锌层除去。对焊时两端管子的直焊缝应错开。焊条选用牌号为 E4303(ϕ2.5);焊接电流宜为 70~80A。

4.3 1/2″进户管可直接在 1-1/2″以上的外镀锌钢管下降立管上开孔焊接,开孔处应尽量避开外镀锌钢管的直焊缝。其余规格的管道不得直接在主管上开孔,必须采用机制管件对焊连接。

4.4 1/2″进户管入户煨弯的部位应采用外镀锌无缝钢管,外镀锌无缝钢管具体要求如下:

4.4.1 外镀锌无缝钢管外表面采用热浸镀锌处理,内表面不镀锌;外表面镀锌层表面质量、重量及厚度应符合 GB/T 3091—93 的有关规定。

4.4.2 外镀锌无缝钢管宜选用 10 号钢。为避免脆裂,宜在热镀后采用自然(风)冷却。其规格为 D22(δ = 3mm),外径、壁厚、材质等应符合《输送流体用无缝钢管》(GB/T 8163)的有关规定,并经检验合格后方可使用。

4.5 天面管道须在建筑物避雷网保护范围内,且每隔 25m 用 ϕ10 圆钢与避雷网跨接一次。当两平行管道间距小于 100mm 时,用 ϕ10 圆钢做跨接,跨接点间距不得大于 30m;当两交叉管道间距小于 100mm 时,其交叉处应跨接。对一、二类防雷建筑物沿外墙架设未接至天面的立管均应与避雷网相连。法兰连接的两端须用 ϕ10 圆钢做跨接。

4.6 天面水平管应设支架,不同管径其间距分别为:*DN*100~7.0m;*DN*80、*DN*65~6.0m;*DN*50~4.5m;*DN*40、*DN*32~3.5m。水平管转角处均应设支架。沿建筑物外墙的立管每层设一角钢支架;进户管、室内管每隔 2m 及转弯处设一抱箍;流量表两侧、旋塞前应设抱箍。支架、抱箍均应镀锌防腐。

4.7 当引入管为钢管时,其上升立管法兰短管下端的法兰应为绝缘法兰。

4.8 上升立管楼栋总阀后增设法兰短管,长度应为 500mm;楼栋总阀上下两端应设 1″放散管及球阀。具体做法参照深圳市燃气管道工程上升立管阀门箱通用图执行。

4.9 管道距墙的净距:室外管不得小于 100mm,室内管不得大于 30mm。

4.10 管道穿墙、楼板处应采用聚乙烯热收缩套进行防腐,且采用硬聚氯乙烯(建筑排水用 PVC–U,执行标准:BS5255;BS4514)管做套管保护。热收缩套与套管之间间隙用建筑用中性密封胶封堵。穿墙套管两端应与墙平齐,热收缩套应与已装修内墙平齐,比毛坯内墙长 10mm,比外墙长 20mm;穿楼板处套管与热收缩套分别应高出楼板 50mm 及 80mm。

燃气管、热收缩套、PVC–U 套管规格如下:

燃气管	热收缩套	PVC–U	燃气管	热收缩套	PVC–U 套管
4″	FRG160/75	6″	1–1/2″	FRG75/27	3″
3″	FRG140/70	6″	1–1/4″	FRG75/27	2–1/2″
2–1/2″	FRG130/60	4″	1″	FRG55/15	2″
2″	FRG110/45	4″	1/2″	FRG30/13	1–1/4″

4.11 安装在室外的阀门(除天面及下降立管放散阀外)均应设阀门保护箱。

4.12 外镀锌钢管及镀锌无缝钢管焊接前需用有机溶剂对其外表面的油污进行清洗。防腐前清洁外表面后涂 F2140–1190C 快干磁漆两道,每道厚度不得小于 35μm。机制管件、焊缝连接处需冷却后再除锈至 ST2 级并将外表面擦抹干净后涂 P2070 快干红丹醇酸底漆两道,每道厚度不得小于 $40\mu m$,外表面涂 F2140-1190C 快干磁漆两道,每道厚度不得小于 $35\mu m$。必须在所涂漆层固化后且擦干净后方可涂刷下一道漆。

4.13 公共建筑室内管道须涂刷黄色面漆(F2140-20306 快干磁漆),并粘贴标有"燃气"的标志牌。其他部位管道可根据建筑物外墙颜色需要涂刷与外墙相协调的调和漆,但均应设置警示环,警示环的设置应参照深圳市燃气集团有限公司文件"深燃安[2000]18号"《关于燃气管道、设施使用安全色及安全警示标志的规定》执行。

4.14 管道焊接质量检验

管道焊缝应进行 100% 外观检验,对接焊缝无损探伤检验数量与部位由质检、监理人员现场共同确定。

4.15 清扫

管道施工完毕应分段反复进行吹扫,吹扫前把调压器、流量表断开,以吹出的气流无铁锈,无污物为合格,并做好记录。下降立管末端不得有铁锈等污物。

4.16 试压

4.16.1 强度试验:试验压力为 0.3MPa,达到试验压力后稳压 1 小时,进行外观检查,并对法兰、焊接接头部位用涂刷肥皂水的方法检查,以不漏气,压力表读数不下降,目测无变形为合格。

4.16.2 气密性试验:中压管道试验压力为 0.1MPa。试验开始前应将调压器前阀门打开,达到试验压力后应保持一定时间,达到温度,压力稳定。气密性试验时间为 24 小时,根据试压期间管内温度和大气压的变化按下式予以修正,以压力表读数不下降,对调压器连接部位用肥皂水涂刷,无泄漏为合格。

$$\triangle P' = (H_1 + B_1) - (H_2 + B_2)(273 + t_1)/(273 + t_2)$$

式中 $\triangle P'$——修正压力降(Pa);

H_1、H_2——试验开始和结束时的压力计读数(Pa);

B_1、B_2——试验开始和结束时的气压计读数(Pa);

t_1、t_2——试验开始和结束时的管内温度(℃)。

低压管道试验压力为5000Pa,用肥皂水涂刷各连接部位,无泄漏后稳压10min,用U形水柱压力计观察,压力计读数不下降为合格。